越穿越搭

[日] 矶部安伽 / 著　　张齐 / 译

FASHION EDITOR'S

SMART CLOSET

改变着装，改变生活

江苏凤凰科学技术出版社 · 南京

Spring
ATON

Summer

Autumn

Winter

前言

PROLOGUE

“自由地选我所爱，愉悦地穿我所选。”

简单来看，时尚的本质理应如此，

然而，现实情况却没有这么理想。

女生在十多岁、二十多岁的花样年华，随便穿什么都可爱迷人，

可一旦到了被人叫“阿姨”的年龄，穿衣服就不能那么随心所欲了。

在这个年龄段，穿衣搭配既要彰显自我风格，又要穿得合适得体。

对于那些被时尚杂志冠以“熟女”称号，

年纪到了三十、四十、五十岁的女性朋友而言，

如何保持时尚成了让人烦恼的每日课题。

她们需要让流行元素与自身的喜好、个性、体态、仪容、

生活方式等多种因素去碰撞、磨合，

探索出真正适合自己的时尚风格，才能最终完成华丽的时尚蜕变。

此外，不论是自身购买预算还是家中收纳空间，

都限制着女性们追求时尚的步伐。

但即便如此，每一位热爱时尚的女性还是会用适合自己的方式去追求时尚，

用时尚来点缀生活，取悦自己。

这就是我所知晓的所谓“熟女”们时尚生活的理想与现实。

身为一名时尚女装杂志编辑，

我每个月都会为这些女性们提供各种服装搭配的意见。

此次十分荣幸有这样的机会，

能让我将工作中发现的各种搭配妙招汇集成册。

在《越穿越搭》这本书中，

我将为大家奉上自己以编辑视角对于时尚的理想认识与现实解读。

如果亲爱的读者们能够在这本书中捕捉到点亮自己内心的时尚搭配灵感，

哪怕只是获得了一点点微不足道的灵感之光，

那么，无论是身为一名时尚编辑，

还是纯粹作为正在时尚道路上摸索前行的一名普通女性，

我都将感受到莫大的幸福与无比的荣幸。

目录

CONTENTS

前言 / 06

自序 我钟情于基本款的理由 / 10

什么是“智慧衣橱”？ / 14

“智慧衣橱”打造宝典 / 18

Part 1 **“智慧衣橱”妙搭法则** 初春篇

新春开启“智慧衣橱” 时尚之旅从“春”出发 / 22

妙搭法则 1 不负春光自成风景，三件外套必不可少 / 24

妙搭法则 2 从正面与自我交锋，让白衬衫焕然新生 / 30

妙搭法则 3 细心耐心更要留心，牛仔裤春日大作战 / 32

妙搭法则 4 色彩靓丽诚然可贵，适合自身方显智慧 / 36

妙搭法则 5 芭蕾鞋的仙履奇缘，小花哨释放大魅力 / 40

“智慧衣橱”Column 1 包包里的小世界 / 42

Part 2 **“智慧衣橱”妙搭法则** 清夏篇

伴酷暑与热浪同行 让“夏”时尚热情绽放 / 44

妙搭法则 1 清爽 T 恤智慧穿搭，聪明度过炎炎夏日 / 46

妙搭法则 2 牛仔不敌盛夏酷暑？军装裤拯救这一夏 / 50

妙搭法则 3 多彩裙装千篇一律，独特质感出奇制胜 / 52

妙搭法则 4 不同场合制胜法宝，小黑裙的惊鸿一瞥 / 56

妙搭法则 5 薄款开衫拒绝平庸，另辟蹊径变穿为搭 / 60

妙搭法则 6 鞋与包包奇妙撞色，夏日缤纷触手可得 / 62

“智慧衣橱”Column 2 女人要管理好身材 / 64

Part 3 **“智慧衣橱”妙搭法则** 慢秋篇

清秋短暂韵味悠长 妆点“秋”色优雅徐行 / 66

妙搭法则 1 夏日暑气尚未褪去，初秋风尚始于足下 / 68

妙搭法则 2 薄款针织衫的主场，品质至上才是王道 / 72
妙搭法则 3 春款外套的三件客，秋日舞台持续精彩 / 74
妙搭法则 4 黑裤子的百搭世界，三年一换保持新鲜 / 78
妙搭法则 5 低调棕色不失质感，游刃有余高调逆袭 / 80
妙搭法则 6 机车夹克酷帅性感，又美又飒的女神范 / 82
“智慧衣橱” Column 3 古着情缘 / 84

Part 4 “智慧衣橱”妙搭法则 颖冬篇

要时尚何须频换装 迷情“冬”日化简成叠 / 86
妙搭法则 1 正确打开冬日外套，同色调搭配的主场 / 88
妙搭法则 2 又美又暖的厚毛衣，修饰身材锦上添花 / 92
妙搭法则 3 叫醒沉睡的春夏装，冬日恋歌缺“衣”不可 / 94
妙搭法则 4 撕掉土气臃肿标签，羽绒服的华丽蜕变 / 96
妙搭法则 5 给运动鞋来个特写，出镜之王当仁不让 / 100
妙搭法则 6 迷你包越小越时髦，显瘦显高轻装出街 / 102
妙搭法则 7 看腻潮流换个口味，黑白牛仔颠覆想象 / 104
妙搭法则 8 风雪渐止春天将至，留足时间重整衣橱 / 108
“智慧衣橱” Column 4 冬日的温暖单品 / 110

Part 5 “智慧衣橱”妙搭法则 包包、鞋子、配饰篇

时髦小物点亮造型 基本派配饰“潜规则” / 112
妙搭法则 1 白色银色简单高级，配饰色彩绝代双骄 / 114
妙搭法则 2 性感迷人首选豹纹，蛇纹更添酷帅不羁 / 116
妙搭法则 3 名品包包低调奢华，万能黑色经典百搭 / 118
妙搭法则 4 纵享潮流自有主张，自由混搭“快乐饰界” / 120

后记 / 124

自序

Introduction

01

The reason why I like basic.

我钟情于基本款的理由

在我看来，基本款是一切搭配的基础，
无论什么风格的衣服都可以用基本款来完成搭配。
本书中为大家推荐的基本款，也都是具有百搭性，
而且借鉴度很高的日常穿着。
其实，书中这些基本款都属于已被我纳入
个人私藏名单的“御用基本款”。
接下来，让我先跟大家分享一下我钟情于基本款的理由吧。

衬衫：MADISONBLUE
裤子：Shinzone
手袋：MAISON BOINET
鞋子：ZARA

自序

01

我钟情于
基本款的理由

基本款的有趣之处在于：
款式对每个人都很友好，还能穿出个人特色

我虽然现在是基本款的忠实拥趸，但在十几二十岁时，那些颜色最亮眼、款式最独特的衣服才能入我“法眼”。念高中那会还有点小叛逆，特别喜欢扮成熟，尤其爱穿能凸显曲线的紧身衣服，整个人看起来比实际年纪大四五岁。结果上了大学又开始喜欢扮小女生，每天上课路上那一袭粉色或鹅黄色的身影绝对是我。我在学生时代几乎每个月都会买时尚杂志《JJ》，工作后每周也能逛好几次涩谷109，妥妥地走在潮流最前线的“时髦精”。30岁那年，基本款在时尚圈掀起一阵热潮，我毫不犹豫地紧跟上了这波潮流，没想到自此以后我的时尚品位发生了极大的转变。

不同于以往单凭时尚属性就能让我欣然剁手的各种潮服，少了流行元素加持的基本款则有着与生俱来的纯朴气质，相比之下确实不够吸睛。像基本款的代名词白衬衫、风衣等更是款式几乎万年不变。可穿上后才发现，简洁的款式虽没有夺人眼球的外在，却有着返璞归真的简单美。它很好地衬托出了藏在衣服里的个人气质，而不会让人被衣服纷繁的外在夺去了焦点。衣服与人相得益彰，仿佛被注入灵魂般变得生动鲜活起来。我因此沉迷于基本款的魅力无法自拔了。

可能也是因为自己慢慢变成熟了。步入30岁后已然与“少女感”渐行渐远，更适合用风格简约的服饰去展现内在气质。简单的基本款最能凸显个人气质，每个人都能驾驭而且能穿出自己独一无二的风格。说到底，衣服能够被欣赏的前提应该是被人们穿上，而人永远是时尚的主角，是时尚真正的来源和去处。我钟情于基本款的理由正是如此。

自序

Introduction

02
What's smart closet?

什么是“智慧衣橱”？

Smart 一词在英语中，
有“聪明、时髦、机敏、潇洒”等多重含义。
对我们日本人来说，スマート（Smart）这个外来词，
首先让人联想到的是一种精明干练、简单利落的外在形象。
Smart 后面加上 Closet，组成 Smart Closet，意思是“智慧衣橱”，
这个由我自创的词语组合，体现了我对时尚生活的理想追求。

自序

02 什么是“智慧衣橱”？

整洁又清爽的“智慧衣橱”登场，带你用少量基本款玩转时尚

我在爱上基本款之后，衣橱也开始慢慢变得不同以往。以前我最爱买那些时尚华丽的衣服，它们也普遍存在一些缺点：款式、色彩张扬，自成一派，不太好跟其他衣服一起搭配。而且，亮眼的颜色容易让人印象深刻，所以这类衣服注定不能穿得太频繁。还有，如果一件衣服穿的次数太多，自己首先就会产生审美疲劳，然后会迫不及待地继续买买买。这样直接导致的结果是——衣橱里的衣服多到令人崩溃，却还是不知道要穿什么。

而反观基本款，简约的设计跟配色让它自带百搭属性。同一件基本款，根据搭配风格的转变，也能穿出完全不同的味道。所以就算频繁地穿同一款衣服，也总能在造型上保持新鲜感。而且除了搭配别的衣服，基本款还可以单穿，让你不必为怎么搭配而费心。随着一件件基本款的到来，我的衣橱变得越来越整洁、清爽。瞧，我精心打造的“智慧衣橱”就这样闪亮登场了。

其实，“智慧衣橱”不仅仅代表着“一个整洁、清爽的衣橱”，它还有着更深层次的寓意，那就是自己内心对于去繁求简的人生智慧的领悟与追求。年轻时总喜欢追逐潮流，一切新鲜的东西都想要尝试和拥有。随着岁月流逝，等我慢慢成长为一名身心成熟的独立女性时，才懂得简化欲望，简单生活，因而一心只想将自己现有的心爱衣物物尽其用。“智慧衣橱”就很好地表达了我的这些想法。

外套：MADISONBLUE
针织衫：SLOANE
牛仔裤：RED CARD
手袋：eb.a.gos
鞋子：J&M DAVIDSON

自序

Introduction

03

How to make smart closet ?

“智慧衣橱”打造宝典

说到用最少的衣服玩转时尚，
相信很多人脑海中会马上跳出“极简主义”这个词吧。
不过，我的时尚关键词并不是“最少就是最好”，
而是“如何通过巧妙穿搭，让衣橱中沉睡的衣服重焕新生”，
这就是打造“智慧衣橱”需要通过的第一关。

自序

03

“智慧衣橱”打造宝典

春夏秋冬四季巧搭，打造你的“智慧衣橱”

时尚不应该只是断点式的昙花一现，而需要尽可能追求长线式的可持续发展。你或许会遇到这样的问题：某件衣服单拿出来特别优秀，但在跟其他衣服搭配时利用率却不高；就算今天一身搭配堪称完美，明天还是要为想出另一套搭配方案而绞尽脑汁；平时新买的衣服都是一股脑全收在衣橱里跟旧衣服一起混着穿……说到这，你应该会发现，能够把一件件“断点”式的单品有机串联成一条恰如其分的“长线”，才是时尚搭配真正的乐趣。

基本款就能让你完全体会到这种乐趣。因为基本款不爱跟潮流，所以它的寿命可不仅仅只有一季，当季穿搭自不必说，就是穿几年也不会过时。而且像基本款中的代表性单品白衬衫与牛仔裤，更是让你几乎一年四季都能穿得到的王牌基本款。因此，不要让春夏秋冬每季的潮流一过季就变成“断点”，而要聪明地以基本款为基础，将四季的时尚单品“串联成线”，打造属于你的“智慧衣橱”。

我平时合作的时尚杂志多为月刊，所以我一般也都是帮读者把握当月的潮流风向标。但在本书中，我想尝试着做些改变，为读者奉上足以全年受用的时尚搭配建议。从第一章开始，我会用自己的“御用私服”来做整套穿搭示范，为亲爱的读者们奉献打造“智慧衣橱”必不可少的四季搭配妙招。

夹克：Acne Studios
T恤：agnès b.
裙子：Phlannèl
包包：patagonia
鞋子：CONVERSE

Part 1

"智慧衣橱"妙搭法则

Smart Closet Method

初春篇

SPRING

新春开启"智慧衣橱"
时尚之旅从"春"出发

有一位热爱时尚的年轻朋友
曾问过我这样一个问题：
"我该什么时候开始打造自己的'智慧衣橱'呢？"
要我说，只要你的衣橱里不是空无一物，
也就没有真正的"从何开始"一说。
但我发自内心地理解女性朋友们
想要给自己的衣橱换新颜的迫切心情，
所以我还是毫不犹豫地回答——"新春伊始"。
是的，在日本，春季象征着新学期的开始，
它也是开始动手改造衣橱的绝佳时机。

□ Spring □ Summer
□ Autumn □ Winter

DATE / /

"智慧衣橱"妙搭法则

——法则 1 不负春光自成风景，三件外套必不可少

——法则 2 从正面与自我交锋，让白衬衫焕然新生

——法则 3 细心耐心更要留心，牛仔裤春日大作战

——法则 4 色彩靓丽诚然可贵，适合自身方显智慧

——法则 5 芭蕾鞋的仙履奇缘，小花哨释放大魅力

Smart Closet Method

不负春光自成风景，
三件外套必不可少

常言道“一年之计在于春”，春天象征着崭新的开始。不过之所以选择在新春让衣橱旧貌换新颜，可不单单是为了配合大家整装待发的心情。最主要是因为像风衣、白衬衫、牛仔裤这些基本款中的王牌代表，一般都是春装的主打款。若能抓住这个时机开始认真打造自己的“智慧衣橱”，那么你就为后面三个季节的时尚穿搭奠定了坚实的基础。

春天同时也象征着温暖的回归。尽管如此，怕冷的我一想到春天，脑袋里最先蹦出来的还是“天气多变，当心感冒”之类的提示语。事实上，正如人们常说的“倒春寒”，樱花绽放时节，清晨与日暮时分仍然是春寒料峭，因此外套是春天里必不可少的装备。若能充分备好春款外套，那么春日时尚也就触手可得了。

在我看来，女生至少要为自己精心挑选三件春款外套。最先要点名的非风衣莫属了。不管是时尚感还是百搭性，风衣绝对是所有单品中的佼佼者。不过整个春天只穿一件风衣未免也太单调了，所以春季必备第二件外套当属夹克外套。它的好处是可以在工作日与休息日的穿搭之间自由切换，各种风格都能轻松营造时尚感。最后，敲黑板啦，别忘了入手一件功能与适用场合都跟前两件有所区别的休闲款外套。三件外套只需要选对颜色，就能帮你从容应对各种场合。穿着出街，你便是街头那道最动人的风景。

快将款式、颜色各不相同的
三件春款外套
统统装进你的衣橱吧。

（右起）
品牌：
风衣：ATON
休闲风西装外套：MADISONBLUE
军装风休闲外套：HYKE

风衣
TRENCH COAT

潮搭配 Coordinate

风衣工作日搭配 & 休息日造型穿搭示范

工作日

春季当属风衣主场
打造裸色通勤造型

如今，超大号款风衣
是我的心水好物。
只需将腰带轻束，
就能轻松打造职场通勤风。
淡雅的米色风衣配以裸色蕾丝裙，
同色系穿搭高级时髦，
轻松演绎出春天的轻盈灵动。

风衣：ATON
衬衫：MADISONBLUE
裙装：Whim Gazette
手袋：CELINE
鞋子：sergio rossi

休息日

召集风衣亲密搭档
一起共享悠然假期

条纹衫，牛仔裤，竹篮包
是必须拥有姓名的风衣假日亲密搭档。
集齐这几款单品，
会让你一整季都大显魅力。
黑色牛仔裤休闲却不失成熟风采，
搭配俏皮粉色平底鞋，
活泼减龄又能拉长身高比例。

风衣：ATON
条纹衫：HYKE
牛仔裤：RED CARD
手袋：eb.a.gos
鞋子：MARTINIANO

休闲风西装外套

TAILORED JACKET

潮搭配 Coordinate

休闲西装工作日搭配 & 休息日造型各有精彩

休息日

工作日

变身成熟休闲风

休息日，快快告别温婉开衫，
不妨试试飒爽英气的西装外套，
配上休闲内搭，举手投足间更显优雅从容，
再搭双帆布鞋，收获满满时尚感。

西装：MADISONBLUE
T 恤：THE NORTH FACE
裤子：Shinzone
手袋：OAD NEW YORK
鞋子：CONVERSE

藏青色西装 + 黑色西裤 = 干练职场风

藏青色西装外套最为百搭。
不管是剪裁合身的款式，还是超大号款，
外穿通常都不会出错。
搭条黑色西裤，干练职场风呼之欲出。

西装：MADISONBLUE
打底衫：THE NORTH FACE
西裤：Shinzone
手袋：OAD NEW YORK
鞋子：CONVERSE

军装风休闲外套

MILITARY JACKET

潮搭配 Coordinate

军款外套工作日搭配 & 休息日造型双重魅力

搭配蕾丝裙，穿出甜美帅气混搭范

军装款外套搭配温柔裙装，
混搭界的天生一对。
是时候给女人味十足的蕾丝长裙
加上一点酷酷的味道了。

外套：HYKE
打底衫：AURALEE
裙子：vintage
托特包：Merci
鞋子：CONVERSE

白衬衫 + 牛仔裤 = 独一无二的专属风格

除了必备的风衣与休闲西装，
第三件春款外套，
我选择了男友力爆棚的军装风休闲外套。
即使是日常穿搭，也会让你从人群中脱颖而出。

西装：HYKE
衬衫：YLÈVE
牛仔裤：RED CARD
手袋：STELLA McCARTNEY
鞋子：ZARA

初春篇

"智慧衣橱"
妙搭法则

从正面与自我交锋，让白衬衫焕然新生

白衬衫可谓是基本款的杰出代表，然而我身边却有很多朋友表示“对白衬衫不太感冒”。我虽然是资深的“白衬衫控”，却也或多或少能够理解她们的想法。

白衬衫素来给人一种禁欲系的感觉。穿法上无外乎卷起袖口、立起领口或将前襟扎进下装，不太容易穿出彩。这时就要运用聪明才智巧妙搭配一番，才能把白衬衫穿出与众不同的时髦感。你可以试试基本款以外的新花样，像设计上别出心裁的荷叶边衬衫、质地光滑免熨烫的衬衫等都是不错的选择。即便选择不多，也阻挡不了我对白衬衫满满的热爱。

一到暖春时节，人们纷纷脱下厚重的外套，开始轻装出行。某天我正随着人流在街头漫步，无意中瞥见一位身着白色衬衫、飒爽干练的女生。她几乎瞬间就吸走了我的目光，我很惊讶竟然有人可以把白衬衫穿出这种沉静、知性、温和的味道，让人无法忽视。她身上那件白衬衫仿佛一把有魔力的钥匙，打开了我心里一直渴望发现的能窥见白衬衫更多美的那扇门。

在那之后，每个人们衣衫渐薄的春日里，我都会重新审视我的白衬衫。肩部宽窄与领口设计是否与自己的体型及五官相协调？款型是否已经过时？我会从各个角度来考量自己的白衬衫是否依旧能穿得时尚又得体，如果有必要，我会选在春天往我衣橱里再新添几件白衬衫。右图中的两件白衬衫是我经过一丝不苟的挑选之后最终敲定的，一件宽松版衬衫和一件立领衬衫。

宽松版衬衫与立领款衬衫，
如今这两件是我的最爱。

（右起）
品牌：
宽松版衬衫：MADISONBLUE
立领款衬衫：YLÈVE

细心耐心更要留心，牛仔裤春日大作战

冬天悄然离去，让人略显臃肿的厚重外套与毛衣纷纷退场，薄款服装迅速霸占了日渐温暖的春天，这时候除了白衬衫，牛仔裤也属于让我必须不断认真审视的单品之一。一条既能与自己身材相得益彰，又能展示曲线之美的牛仔裤才值得我“从一而终”。此外，许多牛仔裤品牌会在春季推出大量新款。如果你想入手一款新的牛仔裤为时尚加分，那我真心建议你选在春天就对了。

不过先要很遗憾地告诉你，挑选牛仔裤没有什么简单直接的诀窍让你直接照搬。我只能建议你去尽可能多地试穿，通过不断挑选来确定最适合自己的那一款。我一般都会选时间足够充裕的时候去买牛仔裤，一款裤子我一般要试到三个尺码。最多的时候，一天内试穿了二十几条牛仔裤。就算这样，要是一整天下来还是没有选到适合自己的那一款，我宁愿空手而归。所以我常常自嘲是最让店员头痛的麻烦顾客，哈哈。但没办法，选一条适合自己的牛仔裤本身就需要花费大量时间和精力。

另外，牛仔裤搭配时需要更加用心。因为牛仔裤本身具有很强烈的休闲属性，稍不用心就容易穿出过于随意的感觉，所以牛仔裤想要搭出正式利落范，对时尚功力要求更高。

话说回来，牛仔裤真心算得上穿起来舒适自在，且经得起时间推敲的万能单品。我穿牛仔裤时会特别注意爱惜，大概是因为我的每条牛仔裤都是自己耗时费力精挑细选来的，所以才会倍加珍惜吧。

需要耗费大量时间和精力。
挑选一条合适的牛仔裤

（右起）
品牌：
复古款牛仔裤：LEVI'S
紧身款牛仔裤：RED CARD
破洞款牛仔裤：TRAVE

牛仔裤
DENIM

潮搭配 *Coordinate*

三款牛仔穿搭　塑造气质达人

造型1

破洞牛仔裤搭配高跟鞋
个性时尚又不失女人味

当时试穿时，这条裤子尺寸偏小，
但实在难以抵挡它的过人魅力，
我还是硬着头皮买了下来。
终于在穿了两年后，
裤子与我的体型完美磨合。
一条破洞牛仔裤，
让你成为当季时尚焦点。

上衣：GALERIE VIE
牛仔裤：TRAVE
手袋：HERMÈS
鞋子：NEBULONI E.

造型 2

紧身牛仔裤打造春季甜美风

RED CARD紧身牛仔裤款式与质地堪称完美，
它宛如灰姑娘的水晶鞋般拥有超凡魔力。
搭配温柔蕾丝衬衣与简约风衣，
春日甜美风格尽收囊中。

风衣：ATON
衬衣：vintage
牛仔裤：RED CARD
手袋：OAD NEW YORK
鞋子：Porselli

造型 3

复古牛仔裤也能彰显时尚丽人风

我一直非常欣赏LEVI'S 501系列牛仔裤，
终于遇到并购入了心动的这一款。
休闲西装加上风格硬朗的手袋完成整体搭配，
复古质感中涌动时尚丽人风。

外套：MADISONBLUE
针织衫：BLAMINK
牛仔裤：LEVI'S
手袋：MORABITO
鞋子：JIMMY CHOO

色彩靓丽诚然可贵，
适合自身方显智慧

烂漫春光里，相信大家都会不自觉地被颜色亮眼的着装所吸引吧。年轻时的我不管什么季节都特别喜欢色彩明亮的衣服，春天自不必说。但自从过了30岁，我对于这类配色的热情就开始逐渐消减了，可能跟年龄增长有很大关系吧。

十几岁到二十多岁时，我穿过的衣服颜色能够集齐一道彩虹，全身洋溢着满满的青春活力。或许以后到了一定年纪，也会重新用亮丽的色彩来增加自身的存在感。但现在的我已经由青春慢慢过渡到了成熟，太花哨的颜色反而更会对比出自身日渐显现的岁月痕迹，而简单大方的色彩才更显年轻，更适合现在的自己。那么，如我一样的朋友们要如何穿出适合春天的色彩和韵味呢？

首先要选对衣服的材质。飘逸透明的雪纺、温柔知性的蕾丝、雅致朴素的亚麻等材质制成的单品，即便颜色素淡，也能从质地上直接营造春日的温柔触感。其次要选对衣服的颜色。尽量选择跟自己常穿的服装色系比较统一的衣服。例如，跟军装外套统一的绿色系衣服，或者跟牛仔裤统一的蓝色系衣服等，它们都属于在我这个年龄段的人比较容易驾驭的色系。再次要巧用亮色配饰做小面积点缀。像鞋子、手袋之类的小件物品可以大胆选用配色极为明快活泼的粉、橙、黄等亮色系来点亮整体造型。不用刻意追求整体搭配的完美和谐，只管带着轻松的心情，惬意享受春日的独特时尚吧。

大胆扑进春天的温暖怀抱吧。
做到这三点，
亮色配饰的精致点缀，
色系统一的整体搭配、
适合春季的柔软材质、

（上起）
品牌：
vintage
vintage
BLAMINK
LEVI'S
OAD NEW YORK
CONVERSE
MARTINIANO

温暖如春的
SPRING-LIKE
潮搭配 Coordinate

基本派的春季搭配手册

俏丽的鞋子

绚丽的手袋

如春般的
柔软质地

粉色——贴近基本款的心跳

娇艳的粉色与简约的基本款简直完美契合，
穿双粉色平底鞋，就能与春天灵动共舞。
我很期待哪天能穿件低调的白衬衫，
配上一条耀眼的粉色裤子，一定会很惊艳。

衬衫：GALERIE VIE
裤子：HYKE
背包：patagonia
鞋子：MARTINIANO
眼镜：EYEVAN

飘逸雪纺 + 绚丽手袋 = 满满春意盎然的韵味

轻盈飘逸的雪纺渲染上沉稳素雅的棕色，
堪称一段精彩的邂逅，一如我遇见这条古着连衣裙。
橙色手袋与蓝色牛仔相映成趣，为全身注入无限活力。
这款手袋也会在下文穿搭中频繁亮相哦，敬请期待。

外套：LEVI'S
连衣裙：vintage
手袋：OAD NEW YORK
鞋子：Manolo Blahnik

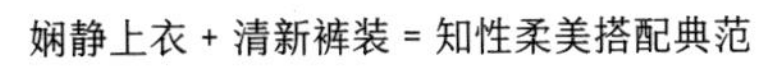

娴静上衣 + 清新裤装 = 知性柔美搭配典范

这条清丽淡蓝的裤装乍看上去
与淡雅的蓝色牛仔有几分相似。
搭配蕾丝上衣，知性、柔美气息悠然荡漾。
蛇纹浅口单鞋为你增添一丝不羁和野性。

上衣：vintage
裤子：LEVI'S
手袋：eb.a.gos
鞋子：ZARA

独家窍门让撞色搭配高级感十足

这套搭配中大胆尝试用绿色上衣
与亮黄色帆布鞋进行撞色搭配。
黄色鞋子与浅棕色裤子同色系不同色调，
轻松穿出春日的高级感与活力。

针织衫：BLAMINK
裤子：MARGARET HOWELL
手袋：HERMÈS　鞋子：CONVERSE
手表：ROLEX
首饰：hum

芭蕾鞋的仙履奇缘，小花哨释放大魅力

基本款发烧友的行头里肯定少不了一双经典的芭蕾平底鞋。在中性风盛行的当下，一双芭蕾平底鞋保留着弥足珍贵的女性独有风情。它那份至臻至纯的女人味，是其他鞋子无法比拟的。只是看着它，心底就会涌起无限的幸福与甜蜜。

由于鞋底较薄，有朋友觉得穿芭蕾平底鞋走起路来较为吃力。但对我来说，却不存在这种困扰。我觉得穿厚底鞋走路时不太能感受到地面的凹凸起伏，相比之下，穿上薄底鞋子走路连路面的小石子都清晰可感，脚踏实地的感觉让人更安心。我喜欢带上芭蕾平底鞋去需要走很多路的旅行。我虽然考了驾照，但很少开车上路，出门主要还是靠步行或者搭乘公交、地铁。可能我体力过人正是得益于此吧，哈哈。

迄今为止我穿过很多双芭蕾平底鞋，但直到最近我才注意到这样一个问题：我对自己所有的芭蕾平底鞋并没有“一视同仁”，那些外观上藏着“小心机”的款式才会更得我心。芭蕾鞋子天生自带高级品位，但若质地太厚重，或色调太深沉，则会仙气不在，不觉中流露出“土味”来。从我穿过多年的芭蕾鞋子中来看，实穿性最高的当属银色和蛇纹这两款。我还有个小经验，就黑色芭蕾鞋而言，皮面光亮的款式要比磨毛的款式更为百搭。这就是芭蕾鞋子的“小心机”，但要注意这些“小心机”不能过于夸张，否则会弄巧成拙。

让芭蕾平底鞋的『小心机』释放大魅力。
银色、蛇纹、亮皮，

Shiny Black

Silver

Python

（右起）
品牌：
黑色亮皮款：Porselli
银色款：Porselli×ROKU
蛇纹款：J&M DAVIDSON

“智慧衣橱”

Column 1 包包里的小世界

包包就是我丰富多彩的小世界
装满了我的秘密武器跟小惊喜

身为一名自由编辑，我的包包宛如我的移动办公室。我那些大容量的包包是我形影不离的工作好伙伴（本书中几乎每套私服穿搭都配有一个大包包，请自行感受），里面装着我工作要用的各种东西和一些私人心爱小物件。

手机包：BONAVENTURA

手拿包：Merci

因为我是一个整理狂，所以包里还装满了各种小包。乍看上去颜色沉闷的iPhone包，打开后却是黄色里衬。

由于我工作必备的电脑以及纸质文件等都需要随身携带，所以我的包很沉。我心想既然工作必需品已经这么重了，那其他必备小物件一定要越轻越好，然而事实却恰恰相反。像笔袋、名片夹、钱包、卡包、手拿包这些需要备在包内的小物件，我偏偏只喜欢质地厚重的皮革制品。我觉得这些小物件几乎每天都要用到，所以也很重视它们的质感。

这些皮制小物的魅力在于用得愈久，味道也会愈浓厚。我的钱包和名片夹伴我近10年，终于在去年光荣下岗。手账本陪我跨过七年之痒，笔袋也已陪我走过不止五载春秋。

其实，包包里的小世界还有一个好处：里面有不少色彩鲜艳的小物件，五彩斑斓的让人看了心情大好，非常治愈。这些我心爱的小物件犹如我的维生素，每每触摸到甚至只是看到它们，我浑身上下就会充满活力。

笔记本：SMYTHSON

手账本：HERMÈS

卡包：Valextra

笔袋：SMYTHSON

手拿包：SMYTHSON

手拿包：J&M DAVIDSON

平板电脑：MacBook Air

钱包：Valextra

“智慧衣橱”妙搭法则

Smart Closet Method

清夏篇

SUMMER

伴酷暑与热浪同行
让“夏”时尚热情绽放

穿一件衣服应该先要有温度再考虑风度。

如果不顾天气，只要风度不要温度，

极有可能会影响健康，得不偿失。

我比较理性，如果某天原本打算穿着精心准备的凉鞋出门，

结果那天却大雨突袭，我绝对会果断放弃那双凉鞋另做他选，

因为对我而言，再美的穿着也不值得我去牺牲健康。

大家都知道，日本的夏天简直热得让人抓狂！！

别着急，我马上会跟你分享无惧热浪、纵享夏季时尚的搭配妙招。

□ Spring □ Summer
□ Autumn □ Winter

"智慧衣橱"妙搭法则

DATE / /

——法则 1 清爽T恤智慧穿搭，聪明度过炎炎夏日

——法则 2 牛仔不敌盛夏酷暑？军装裤拯救这一夏

——法则 3 多彩裙装千篇一律，独特质感出奇制胜

——法则 4 不同场合制胜法宝，小黑裙的惊鸿一瞥

——法则 5 薄款开衫拒绝平庸，另辟蹊径变穿为搭

——法则 6 鞋与包包奇妙撞色，夏日缤纷触手可得

Smart Closet Method

清爽T恤智慧穿搭，聪明度过炎炎夏日

“每天都酷热难耐，哪还有什么心思追求时髦啊！”

成为时尚杂志编辑以来，每年夏天我都会听到读者们如此叫苦不迭。我觉得与其这样，还不如学着与炎炎夏日友好相处。就像每天在家，随意穿件干净清爽的T恤那样，试着让自己的心情变得轻松自在起来，心静了自然能时尚过夏天。

可能有人觉得夏天出街就靠一件简单的T恤难以撑起场面，但实际上T恤可以穿得很时髦，关键是要会搭配。只要能搭配得巧妙，一件T恤也可以简单有型地撑起整个夏天的时尚。黑、白、灰三色的圆领T恤就是我迫切想要推荐给大家的夏日清凉时尚单品。

那些色彩过于艳丽的T恤不但会喧宾夺主，抢走人的风头，还会让整体造型流于随意。反之，简约的配色才能很好地融入整体搭配，让全身造型以和谐的美感来夺人眼球。简单的T恤就算切换进职场穿搭也毫不违和，作为内搭能让人看起来干净利落，再配上精致大气的妆容，妥妥的职场御姐范。

除了圆领款，V领和U领T恤虽能让人露出天鹅颈，释放出女人的妩媚气息，但却有着不容忽视的缺点：若防护不周很容易走光。这么看来，圆领T恤不仅能让人尽享夏日清凉，还不会出现这种尴尬。T恤只要会巧妙搭配，就能让你简单清爽地拥抱整个夏日时尚。

圆领T恤的夏日流行色。
黑色、白色、灰色，

Black, Gray, White

（上起）
品牌：
纯黑色 T 恤：Hanes
黑色无袖 T 恤：SLOANE
深灰色 T 恤：JAMES PERSE
浅灰色 T 恤：THE NORTH FACE
白色字母 T 恤：agnès b.
纯白色 T 恤：VONDEL

T 恤

T-shirt

潮搭配 *Coordinate*

T 恤 + 长裤的 6 日逍遥游

White

Gray

换上柔软白 T 恤
走硬朗帅气路线

淑女风白T恤干净脱俗，
更有媲美衬衣的柔软质感。
黑色牛仔裤结合帅气军装外套，
成为夏日街头硬朗有型新亮点。

外套：HYKE
T 恤：VONDEL
牛仔裤：RED CARD
包包：GUANABANA
鞋子：ISABEL MARANT

不同选择更多精彩
精挑细选男款 T 恤

宽松男款字母T恤，
潮流单品的不二之选。
搭配卡其色高腰休闲裤，
打造清爽简约潮人范。

T 恤：agnès b.
裤子：Shinzone
包包：J&M DAVIDSON
鞋子：Pierre Hardy
帽子：ECUA-ANDINO

鞋子手袋不容忽视
共同秀出夏日美丽

盛夏汗流浃背会让灰T恤颜值降低，
睿智地选择深色款方为上策。
连同复古牛仔裤一起，
尽情感受夏日休闲风。

T 恤：THE NORTH FACE
牛仔裤：LEVI'S
针织衫：SLOANE
包包：HERMÈS
鞋子：JIMMY CHOO

Black

盛夏时的情投“衣”合
宽松 T 恤给你自由畅快

JAMES PERSE出品的这款简约T恤，
满足盛夏所必需的轻盈清爽之余，
更为自己平添一份素雅魅力。
内敛藏青配色，向透视烦恼说再见。

T 恤：JAMES PERSE
上衣 & 裤子套装：
MARGARET HOWELL
包包：OAD NEW YORK
鞋子：J&M DAVIDSON

呵护娇嫩肌肤的秘密
优选涤纶混纺 Hanes T 恤

触感舒适不粘身的Hanes T恤，
能让你的肌肤好好放个假。
强烈推荐深蓝底色日本限定款，
凉爽单色，夏天必备。

T 恤：Hanes
裤子：ZARA
手袋：CELINE
鞋子：GIUSEPPE ZANOTTI

无袖 T 恤隆重登场
释放你的女性魅力

无须露出事业线，
一件无袖T恤尽情散发女性魅力。
黑色T恤与卡其绿色军装裤，
共同呈现盛夏完美搭配。

T 恤：SLOANE
针织衫：Letroyes
裤子：Shinzone
手袋：CABANABASH
鞋子：Porselli x ROKU

牛仔不敌盛夏酷暑？
军装裤拯救这一夏

今天明明想穿休闲又有型的牛仔裤，却因为天气炎热而不得不放弃……每当碰到这种时候，我都会毫不犹豫地请出我的军装裤来救场。

在我迷上基本款之后，时尚圈又开始刮起了一股军装风，我也凑热闹穿了一阵军装裤和休闲裤。如今昔日潮流已成过去时，但我的衣橱中仍然保留着这些旧款式，偶尔还能怀怀旧。

风格酷帅的军装裤比牛仔裤更能赚人眼球，只需配一件T恤就能完成最简单有型的潮搭配，根本不用考虑任何穿搭技巧。而且霸气十足的男版裤装一上身，哪怕穿得再简单都能轻松反衬出女性的柔美气质。总之，穿搭从简的夏季正是军装裤大显身手的好时机。

被军装裤的魅力折服后，有段时间我又开始迷上了男款古着。但穿上后整体感觉不尽如人意，达不到预期的效果，让我很沮丧。现在我的衣橱中保留的是Shinzone品牌的女款工装裤跟休闲裤。这两款裤装都是从男版的基础上改良而来的，穿上后英气与柔美能够达到一种微妙的平衡。

夏季简约穿搭必不可少。
穿上它们让你炫酷一夏，
卡其色工装裤与橄榄绿色军装裤，

（两款）
品牌：Shinzone

多彩裙装千篇一律，独特质感出奇制胜

从目前为止书中推荐过的穿搭来看，相信大家也看出来了，我平时更喜欢穿裤子。不过在酷暑难耐的夏天，连我也开始经常穿起裙子来了。

初夏时分，商场里放眼望去，粉、黄、蓝等五颜六色的裙子琳琅满目，美丽诱人。光是看着都是一种享受，买来随意穿搭就能轻松变成美丽夺目的夏日女神。但眼下最大的问题是，这些眼花缭乱的流行色穿不了几次就会感到乏味。别说穿一整季了，可能等新鲜劲一过，这条裙子就连碰都懒得去碰了。我也常常对自己这种三分钟热度的剁手行为很无语。所以我现在头脑一热看上某条裙子时，只要它是那种大红大绿的单色系裙子，我就会条件反射地冷静下来。所以我一般挑裙子时，不太看颜色，质感、面料卓越的裙子才能让我为之驻足。

其实就算是单色系裙子，如果选用的是质地良好的亚麻、蕾丝等面料，或者是极富设计感的裹身裙、开叉裙等款式，也绝对是足以打动我的优秀单品。不过比起单色系裙子，带有漂亮图案的印花裙更加飘逸热烈，视觉效果更强烈，跟夏日的热情气质很契合，因而更不惧时间考验，属于经久耐穿的夏日经典款。接下来，我会给大家展示我基于上述标准精挑细选的三款裙子，也是我夏天的所有裙子，全部推荐给大家了。

简单别致、设计感十足
与亚麻质地共谱华丽诗篇

Z字形不对称裙摆，
搭配腰部蝴蝶结设计，
让我一见钟“裙”。
正值盛夏，配一件Hanes白T恤，
同色系穿搭呈现满满淑女气质。
质感良好的亚麻材质，
在家就能轻松洗涤。

T 恤：Hanes
裙子：någonstans
手袋：CELINE
鞋子：CONVERSE

蕾丝裙也有七十二变
率性修身款秀出你的美

蕾丝裙是温柔优雅的代名词，
打破常规，选择利落修身款，
更能打造你成熟的知性美。
裙身开叉设计更显妩媚，
无袖T恤气质简约、灵动，
让你今夏从容做自己。

T 恤：SLOANE
裙子：Whim Gazette
手袋：menui
鞋子：ZARA
丝巾：HERMÈS
戒指：Enasoluna

休闲到出街都能搞定
裹身裙的美丽不打烊

红、黄、蓝色块星星点点，
细密点缀的扎染裹身裙，
偶尔穿上出街会让你大放光彩。
配上针织衫与打底裤，
到了冬日也能继续美丽。
裹身裙让你的美丽不打烊。

T恤：AURALEE
裙子：ISABEL MARANT ÉTOILE
手袋：BLACK BY MOUSSY
鞋子：JIMMY CHOO
墨镜：EYEVAN

不同场合制胜法宝，小黑裙的惊鸿一瞥

除了半身裙，适合夏天并且自带奢华气质的单品当然就是连衣裙了。不用考虑该怎么搭，还有着不亚于T恤的凉爽舒适感，因此在热到让人无力思考的炎炎夏日里，连衣裙收割了大量粉丝。你瞧，盛夏时节，身边众多美女不都是只穿一件连衣裙吗?

在我看来，夏季最简约清爽且永不过时的时尚单品非小黑裙莫属。从20世纪以来小黑裙就一直有着隽永的生命力，甚至时尚圈为 Little Black Dress（小黑裙）创造了属于它的简称“LBD”。它能够充分展现女性高贵冷艳的魅力，一直备受几乎所有女性的追捧。

身为一名时尚杂志编辑，虽然需要适当保持时尚得体的形象，但大多数场合穿得简单随性一些也并无不妥。不过遇到稍微隆重一点的场合，穿日常T恤就自然有失体面，这时候我基本都会选一条黑色连衣裙陪我从容应对。我每次只需要用不同的配饰来点缀陪衬，就能瞬间获得一个全新风格的造型，这也是小黑裙的魅力之一。小黑裙的百搭性让它可以融合任意风格的别致小物件，所以每穿一次我都会收获新的惊喜。特别是无袖长款小黑裙，不管是日常居家、休闲度假，还是盛装出席活动，穿上它会让你在任意场合都能游刃有余、惊艳制胜。

小黑裙虽然是历久弥新的经典单品，但低调保守的黑色却不会抢走人的风头，这是它最让我喜欢的一点。我的“智慧衣橱”中，小黑裙绝对是不可或缺的存在。

无袖长款小黑裙堪称万能神器。
在所有黑色连衣裙中，

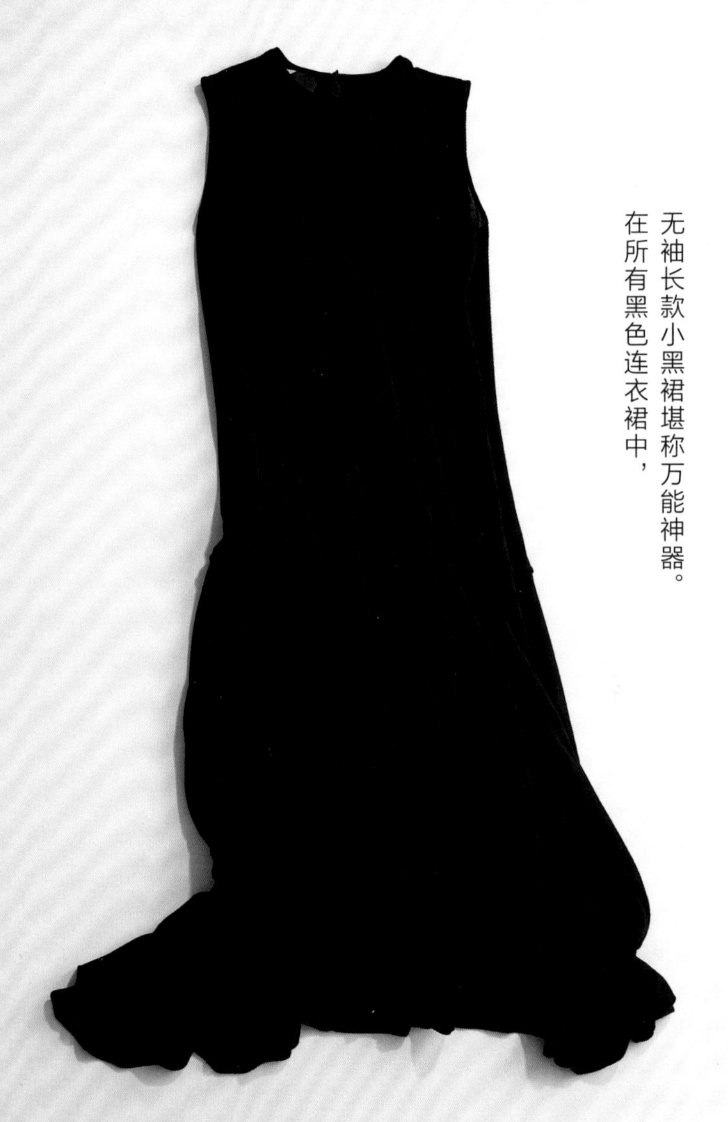

Black One-piece

品牌：ATON

小黑裙
BLACK ONE-PIECE

潮搭配 *Coordinate*

3 种方案巧搭万能小黑裙

造型 1

切换场景，走进日常
与小物同筑夏日森系时尚

合脚舒适的凉鞋，
加上轻巧简约的民族风布包，
夏日森系的气息扑面而来。
黑色连衣裙大气包容，
无论何种配饰，
被它悉数无声接纳。
低调包容，魅力无穷。

连衣裙：ATON
手袋：CHILA BAGS
鞋子：ISABEL MARANT
帽子：ECUA-ANDINO

造型 2

用轻奢质感配饰点亮品质穿搭

外出赴约选择色彩夺目的配饰准没错，
让你周身散发轻奢、华丽的气息。
搭配精挑细选的时尚凉鞋，
让看似稀松平常的黑裙更耐人寻味。

连衣裙：ATON
包包：MAISON BOINET
鞋子：GIUSEPPE ZANOTTI
披肩：ASAUCE MÊLER
墨镜：OLIVER GOLDSMITH

造型 3

小黑裙与全新搭档匡威高度合拍

有晨间摄影安排或忙碌不堪的夏日清晨，
简约的黑色连衣裙为我赶走烦恼。
外搭休闲外套抵挡晨露微寒，
下着匡威鞋清新惬意，完美搭配无可挑剔。

连衣裙：ATON
外套：HYKE
手袋：CELINE
鞋子：CONVERSE

薄款开衫拒绝平庸，另辟蹊径变穿为搭

想在夏天继续保持时尚在线相当有难度，要既能迎战室外滚滚热浪，又能挡住室内逼人冷气。大夏天出门时我觉得坐上空调车实在太舒服了，也喜欢去咖啡馆或商场享受一会免费冷气。一般刚开始会马上觉得特别凉爽，可过一会儿浑身就开始发冷了。所以夏天出门除了必须带手机，还一定要记得带一件空调衫。

薄薄的小开衫是当之无愧的预防空调病的法宝之一。虽然它只是一件外搭，我也不会放过任何穿着它凹造型的机会。我不喜欢把袖口卷起来的穿法，觉得毫无新意；也不喜欢穿得规规矩矩，觉得它跟我好不容易搭好的一身行头不太和谐，容易扰乱我的整体风格。我觉得穿好外搭很显时尚功力，所以有段时间苦苦思考搭配方法，想到最后觉得要随性而为。

所谓随性而为，就是除了正经八百地穿上，还可以更随意地搭在身上。操作起来也非常简单，可以像右图那样把开衫当围巾披在身上，再把袖子卷起一些来系在胸前；或是像上文49页图示那样胳膊不用塞进袖子，只需要披在肩上就好。所以，我想到的把开衫穿出时髦感的诀窍就是“不穿”。如果你一身基本款，再把开衫普普通通地穿在身上，会显得土味十足。但你如果按照我的小妙招把它像围巾一样系在身上，不仅符合夏季简约穿搭的调性，还能起到装饰作用，让你又美又暖。

为装饰时尚注入新鲜力量。
转换思路，变穿为搭，
让基本款开衫告别平庸、重获新生。
打破常规穿法，

开衫：SLOANE
T恤：THE NORTH FACE
牛仔裤：LEVI'S

清夏篇

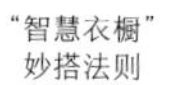

“智慧衣橱”
妙搭法则

鞋与包包奇妙撞色，夏日缤纷触手可得

我在本书中一共为大家分享了近50套穿搭示范，这个过程中我有一个意外的发现，就是在所有的穿搭示范中，没有一套示范里会出现鞋子和手袋颜色一样的情况。

起初构思鞋子和手袋的整套搭配时，我并没有深入思考二者配色之间的关联性。设计过程中，我常常为了追求更完美的搭配效果而左思右想举棋不定。一般这种时候我都会选用最保守的方案，也就是鞋子与手袋同色系搭配。后来我试着将它们中的任意一个换成不同色系，竟然发现有一种意料之外的和谐。其实我几乎全用基本款来做穿搭示范，要是鞋子与手袋配色趋同，难免会让人觉得单调乏味。所以到后面我才渐渐领悟到，大胆的撞色与穿搭从简的夏季并不矛盾。

其实配色也有一些固定的规则，比如早些年备受推崇的“三色法则”，也就是一个人全身着装的颜色最好不超过三种。按照这种法则，这本书中几乎所有的穿搭示范都已“离经叛道”。要么是用超过四种配色来演绎奢华风情，要么是用同色系穿搭来营造整体风格的高级感，诸如此类不胜枚举。可以这么说，你衣橱里的一件件基本款就是你日常穿搭的基础底色，基础底色越简单，也就意味着整体搭配中选择配色的自由越多。说得更通俗点，服装搭配就是把多种看似不相干的颜色有机糅合在一起的过程。

鞋子与手袋惊喜撞色，
联袂打造简约潮流范，
在冲突中开出低调华丽的花朵。

（上起）
品牌：
米色包包：CELINE
黑色凉鞋：ZARA

“智慧衣橱”

Column 2 女人要管理好身材

妙享穿搭打破身材局限
管理身材塑造优美体态

在跟大家分享我对基本款的喜爱时，曾有人这样质疑道：“你身材这么好，当然能把那些简单的基本款穿得很好看啊。”

其实说实话，我虽然个子高，但绝对称不上身材好。我站直后能很明显地看出来我是货真价实的“贫胸”一族；从上下身比例来看，也不是大长腿；也没有翘臀，还有点胃下垂，稍微吃得多了点小肚子就会鼓起来。这些身材缺点加起来足以让我默默流泪了。

之所以有人觉得我身材好，最主要是因为我知道怎么穿搭才能够巧妙地避免暴露身材缺陷。这也是我花了大量时间、金钱去买衣服，又花了无数心思琢磨穿搭技巧后才慢慢积累下来的经验。

还有一点就是，我30岁以后开始慢慢意识到，只靠搭配技巧来修饰身材缺点有点治标不治本。在我仔细观察过那些时尚成熟的女性后发现，比身高与体型更重要的是人体这个大机器是否拥有能够控制体态的“轴心”，而获得“轴心”的方法则是加强锻炼、增肌塑形。年轻时健康优美的体态是这个年纪赋予的，过了年轻阶段就需要坚持一定程度的锻炼，才能身姿不减当年。

我从年轻时就一直没有运动的习惯，肌肉基础为零。但我从前几年开始接触古典芭蕾舞，还在丈夫的陪伴下开始偶尔慢跑，坚持到现在我已经能明显感受到增肌塑形的效果了。

今后让我们一起为拥有“轴心”身材而努力健身吧，塑造出优美体态，不管在任何年龄都可以把基本款穿得美美哒。

我十分喜欢时装设计师Stella McCartney亲自操刀设计的adidas运动外套，所以在网上精心选购了一件。图中这款THE NORTH FACE品牌的GORE-TEX®（防水透气材料）外套已经陪伴我十年之久。还有古典芭蕾练功服，我基本都是选择紧身吊带配上浅粉色芭蕾舞鞋。图中拍摄的剩余几件练功服与芭蕾舞鞋，是基于上镜后颜色对比会更生动强烈而选择的。

Part 3

“智慧衣橱”妙搭法则

Smart Closet Method

慢秋篇

AUTUMN

清秋短暂韵味悠长
妆点“秋”色优雅徐行

同属秋日，但夏韵未尽的初秋与靠近凛冬的深秋，

却拥有全然不同的趣味。

一年之中最为深邃雅致的秋日时光，

同时也是将时尚高度演绎至巅峰的时期。

留恋地牵着夏的手，但也不忘前行寻访冬的足迹，

基本款妆点秋日潮流，自有我主张。

□ Spring □ Summer
□ Autumn □ Winter

“智慧衣橱”妙搭法则

DATE / /

—— 法则 1 夏日暑气尚未褪去，初秋风尚始于足下

—— 法则 2 薄款针织衫的主场，品质至上才是王道

—— 法则 3 春款外套的三件客，秋日舞台持续精彩

—— 法则 4 黑裤子的百搭世界，三年一换保持新鲜

—— 法则 5 低调棕色不失质感，游刃有余高调逆袭

—— 法则 6 机车夹克酷帅性感，又美又飒的女神范

夏日暑气尚未褪去，初秋风尚始于足下

刚刚嗅到一丝秋的气息，时尚达人们就迫不及待地想要入手秋冬款新装了。走进服装店逛一逛，满满流行元素的当季新款早已错落有致地展示了出来。光是看着这些衣服就让人心潮澎湃，恨不得马上据为己有。我看到自己喜欢的毛衣和外套时更是如此，虽然心里清楚就算现在买了，一时间也没法穿，但还是会忍不住剁手。

早早买到的秋冬款毛衣和外套，马上就穿肯定为时过早。一般要等一个月后，厚点的可能要等两个月后才到穿上它们的季节。但到了那时，女生们可能又开始见异思迁了，"女人心，海底针"真是一点没说错。"真后悔当时买的是藏青色那款而不是棕色啊""当初要是没买长款买短款该多好啊"此类抱怨年年都有，相信很多女性读者们对这些后悔的话也很耳熟吧。

刚入秋，有些衣服实在让我不忍错过，甚至会有"能拥有它们哪怕后悔也值得"的感觉，那我就会果断买下，剩下的衣服我大多数都能暂时克制住自己的购买冲动。相反的是，我买鞋子特别干脆爽快。在夏日暑气尚未褪尽的初秋，我仍然会继续穿着春夏款，像长袖衬衫、短袖针织衫或是在T恤外搭一件夹克外套等。所着衣服都还是春夏季的感觉，唯独鞋子必须变为秋日风情，这样才能在外在以及心情上好好迎接崭新的季节。而且一些做工精巧的鞋子一般很快就会卖断码，所以初秋的鞋子要尽快选购，才不会与秋日时尚擦肩而过。

都弥漫着秋日的味道。
无论从外观还是心情，
仅仅将鞋子换个季节，

（右起）
品牌：
CONVERSE
Church's
ZARA
sergio rossi

秋季
AUTUMN

潮搭配 Coordinate

基本款发烧友的秋季搭配图鉴

暗酒红色匡威唤醒秋之韵味

春夏两季中，与紧身上衣加亚麻长裤一拍即合的
必然是芭蕾平底鞋或凉鞋。
此刻换成一双暗酒红色的高帮匡威帆布鞋，
不知不觉间，秋日气息已周身弥散开来。

上衣：AURALLE
裤装：HYKE
背包：Hervé Chapelier
鞋子：CONVERSE
墨镜：Ray-Ban

蛇纹单鞋给秋日增添一抹不羁的味道

一件白衬衣就能撑起的季节实在太过短暂，
金秋伊始要尽情享受稍纵即逝的秋日时尚。
在ZARA邂逅不羁的蛇纹乐福鞋，
给秋季穿搭增添一抹不羁的味道。

衬衫：YLÈVE
牛仔裤：RED CARD
背包：J&M DAVIDSON
鞋子：ZARA

秋季穿搭，中性风皮鞋高雅时尚

西服套装配白色中性风皮鞋，
优雅干练，引领秋日酷美潮流。
英伦范Church's雕花布洛克鞋，
典雅舒适，白色鞋面更显高贵精致。

西服套装：MARGARET HOWELL
T恤：Hanes
手袋：HERMÈS
鞋子：Church's
手表：Cartier

此刻开启夏与秋的混搭盛宴

我一直很羡慕时尚嗅觉灵敏的姑娘，
夏的诗篇刚完结就能快速跟上秋的脚步。
她们总能先人一步将踝靴一举拿下，
与裙装一道组成秋日独有的混搭风格。

外套：LEVI'S
T恤：VONDEL
裙子&手袋：ISABEL MARANT ÉTOILE
鞋子：sergio rossi

薄款针织衫的主场，品质至上才是王道

除了鞋子，早秋之际我最想入手的就是薄款针织衫了。随着天气渐凉，T恤和衬衫渐渐会被轻薄的针织衫取代，一身穿着开始染上愈来愈浓的秋意。针织衫作为夏秋过渡时期T恤与衬衫的接替单品，无论是在款式上还是颜色上，我都最爱万能百搭的基本款。

我在选购轻薄款针织衫时，最重视的就是品质，买得多不如买得精。我常常告诉自己，买一件略显奢侈的高级针织衫也是对自己的一种投资。羊绒或丝绸等高级材质制成的针织衫有着低调奢华的光泽感，别具特色，不但能衬得人气质高雅，还能彰显个人品位。

不过，面料上乘的薄款针织衫既精致又脆弱，确实存在着稍有不慎就可能出现破损，不能在家自己手洗等弊端。然而可能是因为越珍贵的心爱好物就越懂得珍惜，所以这类衣服反而比想象中要更加耐穿。右图的针织衫中，藏青色那款是我穿得最久的，已经有五个春秋了。

顺便说一下，虽然我的T恤都是圆领款的，但我却从不买圆领款的针织衫。因为穿针织衫不像穿T恤那样要露出胳膊，而且V领或高领的设计会拉长颈部线条，更显女性优雅迷人的魅力。在我看来，V领款针织衫似乎更好搭衣服。

薄款针织衫是值得你去投资自己的单品。

Turtle-knit

（右起）
品牌：
藏青色高领针织衫：Drawer
黑色高领针织衫：SLOANE

V-knit

（上起）
品牌：
浅棕色 V 领针织衫：SLOANE
酒红色 V 领针织衫：JOHN SMEDLEY

春款外套的三件客，秋日舞台持续精彩

我之所以选择让三件春款外套在本书第一章打头阵出场，就是因为我已经预料到它们在迈入秋天后也能有不俗的表现。

超大号款风衣不仅单穿非常有型，叠穿的新玩法也是层出不穷。风衣下叠穿一件略厚的打底衫，甚至叠穿一件外套，肩部和袖子也不会显得宽大臃肿。有人说我本身个子就高，所以才能轻松驾驭风衣，其实我觉得身材娇小的女生也可以把超大号款风衣演绎出别具一格的可爱迷人范，各有各的美丽。

像西装外套，就要选择肩部剪裁恰到好处的修身款。因为我们一般不会在休闲西装里面穿很厚的打底衫，而且大小合身的西装才适合使用叠穿搭配大法来打造秋日时尚。

第三件军装风休闲外套，搭上秋日最常穿的针织衫与长裤，就能为简单随性的日常穿搭增添一份恰到好处的帅气。虽然我的休闲外套大部分都是带西装领的通勤风格，但我觉得拉链式的运动风格也很不错。风衣与休闲外套其实都有着各具特色的百搭休闲风格，让它们加入你的衣橱，你就能轻松设计出更多的春秋搭配方案来。

超大号款风衣配加厚连帽卫衣
叠穿大法让秋日时尚更有温度

风衣加连帽卫衣的巧妙组合
是我最爱的秋季温暖搭配。
宽松的风衣就算搭件加厚卫衣
也绝对绰绰有余。
纯白色连帽卫衣
是我近来的新宠。

风衣：ATON
卫衣 & 裤子：AURALLE
手袋：MORABITO
鞋子：CONVERSE
围巾：Johnstons

Tailored Jacket

修身西装新搭配
创意穿出套装感

沉稳藏青色西装外套
与同色调西装长裙，
共同演绎套装风。
季节更迭，寒意渐重，
外面再叠穿一件宽松风衣，
风度、温度可以兼得。

西装：MADISONBLUE
针织衫：JOHN SMEDLEY
裙子：Phlannèl
手袋：CHANEL
鞋子：SAINT LAURENT

一件军装风外套
让整套搭配告别平庸

薄款深蓝打底衫加黑裤子，
可以轻松搭配任何外套。
想要酷美风格？
军装外套就是最好的选择。
配上视觉冲击力极强的蛇纹单鞋，
做酷美有型潮女郎。

外套：HYKE
针织衫：Drawer
裤子：Shinzone
手袋：JIL SANDER
鞋子：ZARA

黑裤子的百搭世界，三年一换保持新鲜

可能你听到过这样的说法：“经得住时间推敲的基本款都需要你费很大工夫去挑选。”换句话说，选品时眼光不够精准超前，那你的基本款也一样会落伍。所以，就算是基本款也需要在熟知潮流动态的基础上精挑细选才行。我基本认同这种观点，但是对“精挑细选”的频率有自己的看法。我认为没必要每年都去换新，优哉游哉地保持三年一次换新的频率足矣。

举例说明一下。右图的这条黑色长裤是我在去年秋末才买的，而被它替换掉的上一条黑裤我刚好穿了三年。上条裤子买来后我没有就此一劳永逸，而会在之后每年都重新考量这条裤子是不是依然合身、款式有没有太土气、还符不符合时尚审美等一系列问题。其实那条裤子本来就是我在精挑细选之后才买的，所以没那么容易被新款随随便便淘汰，我当然也不会轻易换新。除非真的一眼相中某件新款，或者确实该换一条了，我才会果断去买件新的。其他眼馋新款的时候，我都会好好想想现有的裤子是不是旧到了必须换掉的程度，再说我千挑万选的裤子也很难轻易遇到比它更胜一筹的，所以会很容易打消购买的念头。

其实三年这个时间频率只是我凭个人习惯做出的感性估算。因为我以往的白衬衫和夹克外套一般都是三年换新一次，所以我才习惯性地把三年定为一个平均的时间期限。

舒适的面料、经典的设计和隽永的风格。
基本款经得起时间推敲的秘诀在于：

Black Pants

品牌：Shinzone

慢秋篇

“智慧衣橱”
妙搭法则

低调棕色不失质感，
游刃有余高调逆袭

大家的衣橱里应该有各种颜色的衣服和配饰吧？我的衣橱也是，装满了黑色、藏青、米色、白色、棕色、卡其色等不同色系的衣服。坐拥如此丰富的颜色，我可以底气十足地叫自己“颜控女王”了吧。这些色彩当中，存在感很低的棕色最近异军突起，出镜率倍增。

我之前一直觉得棕色虽有品味但却太过简朴低调，它不像黑色与藏青色那样存在感强烈，也不像米色与白色那样高贵，更不像灰色与卡其色那样自带高级感，它似乎一直是一个不够鲜明的存在。后来我才慢慢发现，正是因为棕色低调的个性，才能跟多种颜色和平共处，从而有着独特的闪光之处。

当全身搭配以黑色为主色调时，加上一点棕色，不仅能中和黑色的暗沉，还能增添一丝女性的温暖柔美。如果觉得一身白色或米色有点单调，只需配上棕色就能轻松打破平庸无聊。其实，棕色可以说是基本色中的“高级反差色”。

我以前总觉得反差色应该是红色或黄色这种亮丽的色彩，直到认识到棕色的反差属性后才发现，在以黑色、藏青色、灰色等多种基本色为主的“智慧衣橱”里，用棕色作为反差色才能呈现出一种恰到好处的平衡之美。

造型 1

棕色手袋让品味升级

棕色手袋让简单的黑白配不再平庸，
营造出属于秋日的温暖与高级感。
随意当中透出一种庄重的气质，
给人无限的想象空间。

外套：LEVI'S 针织衫：SLOANE
裤子：Shinzone 手袋：J&M DAVIDSON
鞋子：CONVERSE 手表：Cartier
手链：hum

造型 2

棕色为主色调的日常穿搭

简约针织衫+休闲裤
是再普通不过的日常穿搭。
全身以棕色为主色调，
令奢华感与高级感瞬间升级。

针织衫：JOHN SMEDLEY
裤子：Shinzone 手袋：eb.a.gos
鞋子：ZARA 墨镜：Ray-Ban

机车夹克酷帅性感，又美又飒的女神范

入了晚秋，风衣已经抵挡不了寒意的侵袭，此刻想兼顾风度与温度当然少不了一款机车夹克。机车服原本风格硬朗、材质厚重，但是搭配连衣裙或半身裙却效果绝佳，十分适合日常穿搭，所以说它完全是跨越性别界限的时尚单品。

机车夹克的实穿性有多高，相信大家早已经有了切身体验。最近几年改良版的女款机车夹克花样繁多，轻便易穿的款式也日渐成为主流。我穿过很多款的机车夹克，但目前为止最喜欢的还是多年前入手的皮制偏厚的经典男款。虽然现在穿起来比刚开始更合身，但由于皮革本身质地厚重，说实话穿起来仍然不算轻便。不过有一天我听到一个擦肩而过的男生对着我惊叹道：“哇！这件机车服实在太帅了！”从那以后，我每次穿那件机车夹克时都自信满满。

除了机车夹克，还有很多基本款都是从男装演变而来的，例如风衣、白衬衫、牛仔裤、军装裤等。“女生穿男友衬衫时最性感”这句话很久以前就广为流传，同样的道理，女生穿上有酷帅基因的基本款，才是最性感爆棚的时刻。其实我觉得，比起有荷叶边、蝴蝶结，或者大面积露肤的衣服，酷帅的男友单品才更像“斩男装”。

磨合数年终成知己，经典机车夹克气场全开

我最心仪的机车夹克
当属这款经典男版机车服，
它常与连衣裙或半身裙组成温暖组合。
今天大胆尝试搭配自带霸气的阔腿裤，
一身穿搭气场强大，男友力十足，
搭双白色匡威更显率性洒脱。

夹克 & 裤子：Acne Studios
T 恤：Hanes
手袋：CELINE
鞋子：CONVERSE
围巾：Johnstons

“智慧衣橱”

Column 3 古着情缘

基本款与古着
穿越时空的相遇

我的这本书概括成一句话就是，“我在30岁后突然钟情于基本款，对于时尚的理解也发生了变化，并且开始注重发掘日常生活中令人惊喜的全新搭配风格”。其实我后来对Vintage（古着）的热爱也正源于此。

我以前做梦也想不到自己有一天竟然会喜欢穿古着，古着对曾经的我来说绝对是个很不可思议的存在。一来觉得明明到处都是琳琅满目的新款时装，谁会去买旧款式；二来就算逛到古着店，也会因对古着一无所知而不会买任何东西；三来我也很难去喜欢古着不同于新衣的那种特殊的味道。

然而我迷上基本款之后，古着居然也跟着变成了我眼中的“宝贝”。我开始收集新款日常服装的原版古着款，先是牛仔裤，随后是军装夹克、休闲裤等。这些原版古着，不管是设计还是轮廓剪裁都十分精细，散发着旧时光令人留恋的味道。而且像蕾丝单品、半身裙等古着跟我现有的衣服搭配起来毫不违和，整体穿着效果正如Vintage这个词所表达的那样，越陈越香，精致而唯一。现在不只是东京，我到其他地方旅行时，都会去当地的古着店享受淘货的乐趣，那些岁月的痕迹和时光的味道慢慢开始令我痴迷。

我妈妈曾经穿过的“旧式衣服”和我年轻时候买的一些“时尚私服”原本被遗忘在老家，如今却都因为我对古着的喜爱而得以重见天日。下面马上就为大家展示古着与新式基本款的三种混搭示范。

My vintage

第一次去巴黎旅行时购买的香奈儿手袋，已经陪伴我近30年了。爱马仕的围巾是父亲去国外出差时给我带回的纪念品。这两件都是我珍爱的复古单品

Vintage shop

亚麻材质长裙是在青山县一家名叫“Hooked Vintage”的店里选购的。英国军装制式外套是在代官山一家名叫“THE BRISK”的店里选购的

Mom vintage

这件意大利制风衣是我小时候母亲穿过的。MORABITO的包是父亲送给母亲的礼物

Part 4

"智慧衣橱"妙搭法则

Smart Closet Method

颖冬篇

WINTER

要时尚何须频换装
迷情"冬"日化简成叠

冬季的潮流穿搭若想温暖、时尚两不误，

要比其他季节多准备很多单品。

还不如换个花样，用春、夏、秋三季的单品

与冬装外套和厚毛衣玩叠穿大法怎么样？

其实，在马上登场的冬季穿搭中用到的衣服，

除了冬装外套与毛衣，其他几乎都是你已经见过的老朋友。

没错，冬季正是"智慧衣橱"集大成的季节。

□ Spring □ Summer
□ Autumn □ Winter

"智慧衣橱"妙搭法则

DATE / /

—— 法则 1 正确打开冬日外套，同色调搭配的主场

—— 法则 2 又美又暖的厚毛衣，修饰身材锦上添花

—— 法则 3 叫醒沉睡的春夏装，冬日恋歌缺"衣"不可

—— 法则 4 撕掉土气臃肿标签，羽绒服的华丽蜕变

—— 法则 5 给运动鞋来个特写，出镜之王当仁不让

—— 法则 6 迷你包越小越时髦，显瘦显高轻装出街

—— 法则 7 看腻潮流换个口味，黑白牛仔颠覆想象

—— 法则 8 风雪渐止春天将至，留足时间重整衣橱

颖冬篇

1

“智慧衣橱”
妙搭法则

正确打开冬日外套，同色调搭配的主场

一到冬天，我每天早上出门前都要为如何穿搭费一番心思。究竟是先选外套还是先选内搭？这个问题已经困扰我很久了。如果先选外套，那我每次能选的内搭无非就是固定的那几件，毫无新意；可是若先选内搭，我又会觉得衣橱里未必有可以搭配的外套，所以我总是陷入这样的死循环。说来说去，冬天的时髦穿搭从来都绕不开外套。如果把控不好外套与内搭的色彩平衡，那么冬日的时尚也就无从谈起。

说到秋冬省时省力又时髦的搭配方法，就不得不说高级感满满的同色系搭配法了。不像其他几个季节，完成冬天的全身搭配需要用到更多件单品，因此配色的难度也明显增加。这时候就要化繁为简，用同色系搭配避免繁杂单品的配色难题。冬天很适合同色不同面料的叠穿搭配，虽然全身是同一色系，但细节丰富、张弛有度，所以不会让人觉得乏味。其实冬天才是同色系搭配的主场，能让你最大限度地感受到同色系搭配的乐趣。

这里要特别说明一下，同色系并不等同于同一种颜色。比如说藏青色配黑色、蓝色，灰色配黑色、白色，浅驼色配灰白、棕色等都属于同色系搭配。这样的搭配能让衣橱里的衣服物尽其用，碰撞出精彩纷呈的时尚穿搭。

同色系穿搭示范：海军蓝

海军蓝与黑色一起，
完成我的同色系搭配

知性海军蓝配以深邃纯黑，
是我最爱的沉稳同色系，
也是我在冬日的常见搭配。
其实，脚上的靴子是深棕色的，
对我来说这种不同色调的点缀，
也是我愿意尝试的新鲜感。

外套：STELLA McCARTNEY
毛衣：AP STUDIO
牛仔裤：RED CARD
手袋：HERMÈS
鞋子：Church's
围巾：Joshua Ellis

同色系穿搭示范：灰色

与浅灰色同为中性色系的白色是它最为合拍的亲密挚友

这身搭配我选择了浅灰色与白色，
这是同色系搭配的经典组合。
从浅灰色到深灰色，
灰色系也有很多种不同的色调。
我最近偏爱浅灰色，
因为它高级又显白。

外套：cbure
毛衣：SLOANE
牛仔裤：ZARA
手袋：JIL SANDER
鞋子：Church's

同色系穿搭示范：浅棕色

让手中所有的棕色系单品
共同演绎冬日的浪漫

超大号款风衣也是冬季热门单品。
白色毛衣与浅咖格纹阔腿裤结合，
优雅温柔，层次分明，显瘦显高。
再配双运动鞋与深棕色手袋，
让全身搭配更加细致丰富，
共同诠释冬日浪漫风情。

风衣：ATON
毛衣：BLAMINK
裤子：Acne Studios
手袋：J&M DAVIDSON
鞋子：CONVERSE
墨镜：EYEVAN

又美又暖的厚毛衣，修饰身材锦上添花

我很喜欢厚厚的毛衣，看到商场里各种温暖厚实的毛衣几乎毫无抵抗力。毛衣不像衬衫或裤子那样大小肥瘦都要合适，它基本不挑身材，样子好看就能买。不过把自己看中的都买下来也不太现实。首先，厚毛衣比较占空间，稍微几件放起来就是厚厚一摞；其次，有的厚毛衣可能当时喜欢得要命，结果没多久就当成普通居家服来穿了。所以我深深认识到，买厚毛衣也需要精挑细选、深思熟虑。因此，我自己总结了一个买厚毛衣的简单方法：只选上身效果足够好的款式。

这里说的上身效果好，当然不单是指颜色漂亮。像红色或黄色虽然艳丽，但容易产生膨胀感，所以厚毛衣不适合用这种花色。买厚毛衣主要看的是纹路与款式。比如毛衣按纹路可以分为竖纹毛衣和绞花毛衣等，纹路不同，其风格也会迥然不同。如果纹路没有亮点，可以从款式上入手，像超大号款或前短后长的下摆设计等，都能轻松提升毛衣的时髦度。把握好这两点，不管毛衣颜色够不够靓丽，都能穿出很好的效果，而且穿个两三年也不容易过时。

右图的三款毛衣，我在第89~91页的同色系穿搭示范中用到过。这三件毛衣绝对能为你的冬季穿搭锦上添花，让你整个寒冬又美又暖。

Big-Size

Big-Rib

Cable

也能被赋予时尚的气质。
让色彩简单朴素的毛衣
与细腻优美的纹路，
少许别出心裁的设计

（上起）
品牌：
黑色宽松版毛衣：AP STUDIO
白色螺纹毛衣：BLAMINK
灰色绞花毛衣：SLOANE

颖冬篇

“智慧衣橱”
妙搭法则

叫醒沉睡的春夏装，冬日恋歌缺“衣”不可

我在开篇就提到过，打造“智慧衣橱”关键在于把四季的时尚单品巧妙地串联成线。这不仅仅是要大家用最少的衣服去玩转最多的搭配，也是因为它能让人享受到混搭带来的无限乐趣。近年来，越来越多的潮人会在冬天也拎着竹篮包或穿着亚麻裤出行。把冬季相对厚重的棉毛、羊绒外套或厚毛衣与质地轻盈的春夏装大胆地进行混搭，颠覆既定的穿搭规则，才是时尚搭配的乐趣所在。

其实纵享全年时尚也要分季节，就像冬天厚厚的毛呢、棉服肯定不能在春天和夏天穿，但反过来就可以，所以冬季才是不同材质混搭碰撞的主场。本章的主题词是“迷情冬日，化简成叠”，这里的“叠”指的就是适用于冬季的“叠穿混搭”。如果你的“智慧衣橱”里大多都是基本款，那你就能轻松享受到冬季叠穿混搭的无限乐趣。

一到冬天，多数人会本能地把自己裹进厚厚的衣服里，难免看起来“臃肿笨重”。如果能尝试着用春夏装进行混搭，会让你全身瞬间变得轻盈起来。所以说，在冬天想要平衡全身搭配的保暖性与时髦度，不同材质的叠穿混搭才是王道。

造型 1

轻盈白衬衫，为冬装减负

冬日混搭怎么能少了白衬衫，
再搭配一条灯芯绒长裤更显轻盈。
在厚厚的外套与围巾的包裹下，
依稀可见一抹灵动的白色，效果很惊艳。

外套 & 衬衫：MADISONBLUE
裤子：Shinzone　托特包：Down to Earth
鞋子：CONVERSE　围巾：Joshua Ellis
项链：COUGUÉ

造型 2

灵活百变，又见夏日蕾丝裙

夏装与冬装所用的蕾丝质感不同，
我更爱用轻巧的夏季蕾丝与冬装混搭。
有了打底裤与靴子这两样法宝，
又怕冷又想美的我就能从容地应对冬日。

外套：Acne Studios
蕾丝裙：Whim Gazette　围巾：Johnstons
包包：ISABEL MARANT ÉTOILE
鞋子：Church's
打底裤：BLEUFORÊT

撕掉土气臃肿标签，
羽绒服的华丽蜕变

羽绒服在寒冷的冬天是不可或缺的，温暖轻盈的特点让它成为寒冬里的神器。可有很多人却嫌它臃肿又有点土气，穿起来不够时尚。其实羽绒服的主要功能就是保暖，暖和实用的特质让它难免休闲又有膨胀感，跟精美的时装天然有一些距离。这就是为什么时尚杂志推出的“羽绒新潮流”策划案能够轻松吸引到大批读者了。

我在冬天每次走路或骑自行车去外面，或者在街上、海边拍外景时，都会习惯性地穿件羽绒服。如果我穿羽绒服的时间里不注重保持时尚，那就相当于我把能尽情享受冬日时尚的美好时光白白浪费了一大半。所以我在穿羽绒服的时候，会比平时更加注意去保持自己的女人味和精致感。

现在我最常穿的羽绒服就是右图中的这两件。它们都是基本款羽绒服，虽然看起来没有那么精致典雅，但经过一番巧妙搭配后，也能展示出满满的女人味。我最喜欢用裙子跟羽绒服进行搭配，温柔、优雅又高级。我平时也爱穿裤装，有时会用牛仔裤来搭配羽绒服，不过牛仔裤我不会选常见的蓝色，而会去尝试白色或黑色的紧身款。这种上宽下窄的造型显瘦显高又保暖，让人看起来飒爽干练。学会这些简单的穿搭技巧，你就可以在寒冷冬日里也能穿得保暖又时尚，轻松玩转羽绒服的冬日潮搭配。

让你告别臃肿，美出新姿态。
时尚百搭，保暖又显瘦。
我真心觉得基本款羽绒服

（两款）
品牌：Pyrenex

羽绒服

DOWN JACKET

潮搭配 *Coordinate*

女人味满满的 3 种穿搭示范

造型 1

白色牛仔裤穿出优雅轻奢女人味

浅驼色加白色的组合充满了高级感，
这种配色方案同样适合羽绒服的整体穿搭，
跟运动鞋组队也挡不住满满的优雅气息。
全身轻便舒适，骑上单车，出发吧。

羽绒服：Pyrenex
针织衫：SLOANE
牛仔裤：ZARA
包包：MAISON BOINET
鞋子：CONVERSE
墨镜：EYEVAN

造型 2

同色系搭配尽显简单利落范

同色不同调的全身搭配简单利落，
羽绒服与裙子的组合更添高级感。
凛冬之日，寒意不可小觑，
一双短靴让魅力裙装更加温暖。

羽绒服：Pyrenex
裙子：Phlannèl
包包：J&M DAVIDSON
鞋子：Dr. Martens
围巾：Joshua Ellis

造型 3

羽绒服加长裙
最强反季混搭

半身裙或连衣裙等甜美单品
与羽绒服也能搭出惊艳的效果。
冬天专属的反季混搭风，
不惧寒冷，
让你美得更有腔调。

羽绒服：Pyrenex
针织衫：Drawer
裙子 & 包包：
ISABEL MARENT ÉTOILE
鞋子：JIMMY CHOO

给运动鞋来个特写，出镜之王当仁不让

许多年前，运动鞋一经问世就为女性时尚圈带来了一场盛大的狂欢，那时候只要穿双运动鞋，就能马上变身时尚达人。哪怕到了今天，时装搭配运动鞋依然是一种经典的搭配法则。从以匡威为代表的胶底鞋到轻便的高科技运动鞋，各式各样的运动鞋极大地丰富了女性们的足尖之美。

在日常穿搭中，运动鞋可以给整体的造型增添一份活泼、休闲的感觉。冬天的衣服比其他季节的要厚重许多，所以运动鞋在冬季更能大放异彩。穿厚外套和厚毛衣时，搭一双轻便的运动鞋会让整个人都轻盈起来。运动鞋跟牛仔裤也是相当经典的搭配，再穿一件简单利落的外套，就能轻松避免全身搭配看起来太过随意。一到冬天，我每周至少有三四天会穿运动鞋来搭配整体造型。

在为本书拍摄鞋子照片时，我感觉自己应该是集齐了所有的运动鞋。结果确认过一遍后才发现，我所有的运动鞋竟然都是匡威的橡胶底帆布鞋。于是我尝试着买了双黑色运动跑鞋，觉得这么简单的款式对我来说应该也不难驾驭吧，结果却找不到能跟它完美搭配的衣服。然后我明白了，自己绝对是个匡威这类经典胶底运动鞋的铁杆粉丝，也不再勉强自己去挑战搭配其他运动鞋类了。

但兜兜转转还是回到了原点——匡威。

曾尝试穿过其他类型的运动鞋，

（上图全部）

品牌：CONVERSE

迷你包越小越时髦，显瘦显高轻装出街

用小巧玲珑的迷你包来装饰略显厚重的冬季穿搭，绝对是个聪明的点睛之笔，会让整体造型显得更精致轻盈。因为迷你包自带精致可爱的气场，与厚厚的冬装对比鲜明，所以背上后不仅时尚俏皮，更能显瘦。

夏天的衣服很轻薄，需要用一款大包来提亮全身简薄的造型，这也是打造夏日时尚的一个小诀窍。但冬天恰恰相反，需要用一款萌萌的迷你包去打破冬季服装的沉闷厚重感。如果在穿羽绒服时背上一款迷你包，那么简约、轻便的包包能把人衬托得非常娇小迷人，而且它简洁的造型跟冬季简约高级的搭配风格也相得益彰。

其实作为时尚编辑需要随身携带的东西实在太多了。除了假期，我在工作时间只背个迷你包肯定不够用，所以我工作日想背迷你包的话还会再准备一个大包。这个大包其实就是大家都知道的环保手提袋，它们大多是我去国外旅行时买回来的纪念品，或者是别人送的礼物。这些环保手提袋我用得比较频繁，因为它们大多设计讨喜，也可以成为全身搭配的亮点。

准备两个包包的话，大的装大件物品，小的装每日用品，不仅能装下更多东西，整理起来也更方便，这一点对于整理爱好者来说实在太棒了。

简约轻巧的迷你包
是冬季造型轻盈显瘦的点睛之笔。

斜挎棕色铆钉迷你包
让全身搭配更显轻盈

迷你包与羽绒服
同色不同调，
斜挎更显时尚俏皮。
包盖边缘加入铆钉装饰，
让简洁的包包变得非常酷。
“包”罗万象，
实用又百搭。

羽绒服：Pyrenex
针织衫：Drawer
裙子 & 包包：
ISABEL MARANT ÉTOILE

随身物品太多的时候
要准备两个环保手提袋。

看腻潮流换个口味，黑白牛仔颠覆想象

不知道是因为冬季时尚搭配比起春夏季不能太过冒险，还是因为寒冷的时光太过漫长，每当到了冬季的尾声，我就会对让我温暖时髦了整个冬天的衣服突然有点厌倦。在这段“倦怠期”，我素来偏爱的黑白两色牛仔裤总会陪我安然度过，一起静候春日的到来。

穿白色牛仔裤时，我会大胆挑战全白的搭配。在沉闷萧条的冬日里，一身白色的穿搭干净清新，令人耳目一新，连心情都跟着明亮了起来。尤其外穿内搭都是纯白色时，整体效果更加惊艳。所以用白色休闲牛仔裤作为整体搭配的基础的话，一身全白的配色就能让你轻松变女神。而穿黑色牛仔裤时，我会把整体搭配的亮点放在鞋子上。比如穿一双自带显瘦、显腿长特质的弹力过膝长靴来搭配纯黑色紧身牛仔裤，既能实现腿部拉长的视觉效果，又能兼具保暖与时髦，让你气场十足。

毫无疑问，黑白两种颜色的牛仔裤也是春天的热门单品。所以在冬末穿腻了所有冬装时，完全可以放心入手这两款牛仔裤，让它们陪你走完冬季的尾巴，再无缝切换到下个季节。

接下来为大家展示的这两款黑白两色的牛仔裤都是ZARA的。ZARA的牛仔裤有非常多的款式与各种尺码供你选择，你可以很容易找到适合自己的宝贝，所以极力推荐哦。

带你悦享冬末好时光的黑白牛仔裤
也能陪你玩转春日时尚。

（两款均是）

品牌：ZARA

白色 & 黑色牛仔裤
WHITE&BLACK
潮搭配 Coordinate

黑白牛仔裤也能美得不同寻常

白牛仔裤

白毛衣 + 白牛仔裤 = 简约高级的出尘之美

浅灰白色毛衣可以搭各种牛仔裤，
更不用说气味相投的纯白色牛仔。
搭上同是白色的鞋子与手袋，
让点缀其中的浅驼色美得恰如其分。

毛衣：BLAMINK
牛仔裤：ZARA
手提袋：ISABEL MARANT ÉTOILE
托特包：YAECA
鞋子：CONVERSE
围巾：Johnstons

黑牛仔裤

搭配过膝靴
经典组合玩出新花样

白衬衫+黑牛仔这对经典组合，
配双过膝长靴美出新高度。
长靴在时尚圈几经沉浮，
但总能演绎王者归来。
我在十年前买的这双长靴，
如今又开始陪我出征，
还好我从没舍弃它。

外套 & 手袋：STELLA McCARTNEY
衬衫：YLÈVE
牛仔裤：ZARA
鞋子：STUART WEITZMAN
围巾：Joshua Ellis

颖冬篇

8

“智慧衣橱”
妙搭法则

风雪渐止春天将至，
留足时间重整衣橱

我身边的人都说我是个整理狂，我本人也这么觉得。我的衣橱从来都非常干净清爽、一丝不苟，尤其到了年末，我更会来个衣橱大清理。在此也建议大家年末一定要留出时间重新整理自己的“智慧衣橱”，以全新的面貌去迎接崭新的一年。

“断舍离”是当下很火的概念，与整理相关的书籍也大量面世，甚至连“闲置超过两年的衣服必须扔掉”这类概念都被带火了，据说它们以前就已经开始悄悄流行。面对这么多的流行概念，我也有自己坚持的简单原则。我向来坚持物尽其用，觉得衣服该不该扔要看你是不是还喜欢穿它，如果你仍然还喜欢穿它就留着，不喜欢穿了就扔了，就这么简单。

要是一件衣服你穿上觉得别扭，不怎么想穿了，别管它还能穿多久，该扔就扔。同样，如果一件衣服你穿起来很开心，就算是旧的，不怎么实用，也不要轻易扔掉它。其实“智慧衣橱”本来追求的就是用最少的基本款玩转全年时尚，它肯定有足够的空间让你安放那些“喜欢却无用”的衣服。

右页里能看到满满两架子的衣服，它们就是我在本书的穿搭示范中用到过的所有的衣服。再多上满满一架子的衣服，也就是我自己的“智慧衣橱”里所拥有的全部的衣服了。也许对很多资深的时尚编辑来说，这些衣服实在太少了，但对我个人来说，拥有这些衣服就已经足够了。它们每一件都是我独一无二的宝贝，是给我的日常生活带来幸福感的亲密伙伴。

幸福地徜徉在时尚的海洋里。
让我一整年都能够
正是这些衣服，
差不多能挂满两个衣架。
本书穿搭示范中用过的所有衣服

“智慧衣橱”

Column 4 冬日的温暖单品

颜值温暖兼具的小物
让整个冬日温暖精致

虽然每年冬天气温都略有不同，但总体来说寒冷还是冬天的主旋律。我天生怕冷又爱美，所以冬季的穿搭自然就会努力兼顾时尚与保暖。

每到隆冬时节，我都会穿上一套Mont-bell的保暖内衣才出门。由于这套内衣是贴身穿的，所以我会特意挑选特制弹力羊毛款的，穿上后一整天皮肤都不会有针刺感，也不会变得干燥。Mont-bell不愧是日本知名户外品牌，它的内衣面料弹性非常好，关键是轻薄又保暖，穿上后上面能轻松套一件轻薄的螺纹毛衣，丝毫不会显得臃肿，套厚毛衣就更没问题了。下面除了紧身牛仔裤，别的裤子都能套进去。它们家的保暖内衣准备两套就能让你安心过一冬了。

袜子的话我最常穿的是Bleue Forêt这个品牌的。它们家的羊毛袜子异常柔软，穿在脚上后那种温暖舒适的感觉会让你留恋到再也不想脱下来。还有它们家的炭灰色打底裤，我这些年来一直都在穿。Bleue Forêt永远透着一股法国品牌特有的色彩之美与可爱味道，让我热爱至今。

围巾也是冬天里必不可少的。我总是搭配不好薄款的围巾，不过羊毛围巾搭配起来还是没问题的。羊毛围巾是兼顾保暖与时尚的冬日潮流单品，一款做工精良的羊毛围巾价格虽然有些昂贵，但从质感和时尚度方面来考量的话，也算是物有所值。你可以把一款羊毛围巾看成是两件高级针织衫，也毫不犹豫地为自己投资一次吧。

最后要说的是手套，对怕冷的我来说，它也是冬季不可或缺的单品，不仅能在严寒中温暖双手，还可以是点缀造型的一件装饰品。

就让这些精致温暖的小物陪你时尚快乐地过一冬吧。

Body

原本是为了拍摄外景特意买的保暖内衣，没想到现在在日常生活中也会经常穿着。保暖内衣优秀的速干功能在冬季也能体现得淋漓尽致

Neck

棕色这款来自苏格兰品牌Johnstons，格子这款来自英国著名围巾品牌Joshua Ellis。它们都有着高级羊绒独特的丝滑触感和光泽感，绝对物有所值

Foot

自从有了Bleue Forêt，我就再也不必为寻找合适的袜子与打底裤而烦恼了。为了防止后面缺货，我总会在冬款刚上新时就把整季要穿的一次性买齐

Hand

左边这副粉手套是Johnstons品牌的一枚遗珠。右边这副黑色的是意大利时装品牌Sermoneta的第三代皮手套。两款各有特色，随你挑选

Part 5

"智慧衣橱"妙搭法则

Smart Closet Method

包包、鞋子、配饰篇

BAGS, SHOES, ACCESSORIES

时髦小物点亮造型
基本派配饰"潜规则"

热爱基本款的朋友们都知道，
基本款素来简约内敛，没有复杂华丽的颜色，
有了配饰的点缀才能变换出更多的可能性。
好在"智慧衣橱"的配饰运用法则并不难学，
本书为大家提供了近 50 款穿搭示范，
大家从中也能看出配饰与基本款的完美契合并非难事。
在本篇中，我将着眼于日常穿搭中会常用到的配饰，
为大家悉数介绍基本派配饰不可不知的"潜规则"。

☐ Spring ☐ Summer
☐ Autumn ☐ Winter

“智慧衣橱”妙搭法则

DATE / /

—— 法则 1 白色银色简单高级，配饰色彩绝代双骄

—— 法则 2 性感迷人首选豹纹，蛇纹更添酷帅不羁

—— 法则 3 名品包包低调奢华，万能黑色经典百搭

—— 法则 4 纵享潮流自有主张，自由混搭“快乐饰界”

Smart Closet Method

包包、鞋子、配饰篇

1

白色银色简单高级，配饰色彩绝代双骄

如果有人问我：“什么颜色的包包和鞋子能跟所有衣服都完美搭配呢？”我一定会毫不犹豫地回答：白色和银色。它们就是最万能百搭的配色，简单又高级。

白色牛仔裤多年前曾风靡一时，它不仅百搭，而且有种干净清新的气质。而近几年流行的小白鞋则有着娴静甜美的气质。其实不只是衣服、鞋子，几乎所有的白色配饰都有着类似的搭配效果。我每次找不到合适的鞋子和包包时，就会直接选小白鞋或者白色包包来应对。白色也有多种分类，但你只需要准备好“休闲白”与“优雅白”两种类型的白色单品，就能从容应对各种场合，大大提升自己的时尚把控力。

要是觉得白色比较中庸，想给全身搭配增加一些视觉冲击效果的话，我建议你选择银色。但要注意的是，银色配饰如果设计太夸张，可能会喧宾夺主，抢走整体造型的风头。所以银色配饰尽量轻奢简约一些为好，就像我的银色芭蕾平底鞋与小巧的银色托特包，一直都让我爱不释手。

在春夏两季，白色、银色的配饰能为整体造型增添一丝清凉感；然而到了秋冬，它们则主要用来提亮整体造型。这两种万能百搭的配色能让你冲破季节束缚，时尚美丽一整年。

银色 & 白色

一双白色皮鞋不管是搭配正装还是休闲装，
都能有出色的表现。
德国设计师Jil Sander设计的白色手袋还能当手拿包，
独特巧思令人爱不释手。
法国CELINE品牌的银色手袋轻便有型，
尺寸大概只有A4纸大小。
Porselli是意大利米兰著名的皮具品牌，
这款银色芭蕾鞋能与各种休闲裤完美搭配

性感迷人首选豹纹，蛇纹更添酷帅不羁

听到豹纹、蛇纹，可能有不少人会觉得它们跟简约朴素的基本款不在一个频道上吧。的确，充满野性魅力的动物纹夸张高调，时尚功力不够的话很难驾驭。但若是在小巧的配饰上用动物纹元素做小面积点缀的话，完全可以轻松尝试一把。

动物纹元素有很多种，我最常用的是豹纹与蛇纹这两种。虽然它们看起来很像，但调性却截然不同。只有把握好它们各自不同的风格，才不容易搭错变成时尚灾难。

豹纹时而狂野不羁，时而俏皮可爱，这主要取决于单品的款式和豹纹使用的多少。比如，一身黑色穿搭再加点豹纹元素小面积点缀，让你的整体造型多了一丝野性却不至于太猛烈，但若是大面积豹纹就必须气场足够强大才能驾驭。而蛇纹向来高冷神秘，充满冷艳魅惑的气息。大面积蛇纹太过张扬，一点点蛇纹元素就足以让你的时髦度瞬间提升。

自从我能熟练地把控这两种动物纹的风格之后，就开始频繁地使用动物纹元素的配饰。动物纹元素为简约的基本款搭配注入了野性不羁的气质和新鲜的活力，它的强大气场是一般元素无法比拟的。希望你我都能把动物纹元素穿成一道独特的风景线！

动物纹元素的配饰为简约的基本款穿搭
注入了野性不羁的气质和新鲜的活力。

（右起）
品牌：
蛇纹款：ISABEL MARANT
豹纹款：JIMMY CHOO

名品包包低调奢华，
万能黑色经典百搭

大概几年前，我买了一款黑色的爱马仕凯莉包，那也是我人生中的第一款凯莉包。之后总有人问我为什么偏偏要买黑色这款，其实也不是因为我对黑色情有独钟，只是机缘巧合罢了。当时我完全被这款包包的精美造型所吸引，然后果断买下了它，根本没在意它是黑色还是其他颜色。

后来我开始背这款包时，才彻底明白了为什么这款包包被大家奉为名品。先不说它设计多么精美、质感多么良好、颜色多么百搭，最意想不到的是，它几乎完全满足了我对包包的所有需求。其实我对时尚的追求一直都是与时俱进、永不止步的，我本以为买完了黑色凯莉包，应该会很快就想买这款包的其他颜色或者别家的名牌包，结果却出人意料。目前看来，这款黑色凯莉包我仍然想要一直背下去，越背越喜欢。

我重新打量了一遍自己的衣橱，意外地发现还有不少称得上“名品”的黑色小物。例如西班牙Manolo Blahnik的浅口单鞋、法国香奈儿的链条包、卡地亚的水桶包等。我也十分爱惜它们，每件名品都已经陪我走过了十余年的光阴。也多亏了这些名品，让我体会到了对心爱之物的珍惜带给我的幸福感。

高级名牌包的完美之处。
切身感受到

（手袋与丝巾）
品牌：HERMÈS

纵享潮流自有主张，自由混搭“快乐饰界”

这是本书的第29个妙搭法则，也是全书最后一个小节。之前的妙搭法则讲的基本都是细节性的搭配方案，所以我想在最后这个法则里用“自由”这个主题，虽然我不知道这样好不好，哈哈。不过把“智慧衣橱”里的首饰自由地进行搭配真的很有趣。

首饰是女人的必需品。有些首饰可能是别人赠送的；有些是在某个重要时刻你送给自己的礼物；有些只是某天心血来潮冲动买下的……每一件首饰都有自己的故事和独一无二的价值。有时候偶尔看到珠宝店里那些精致美丽的戒指和手镯，一瞬间所有的疲惫和不开心都被治愈了。或者看到镜子里的自己戴着漂亮的项链和耳环，心里会马上生出一股自信和勇气。很多时候我需要借助首饰来给自己一些力量，所以我觉得首饰比衣服更能贴近人心。它不只是一件饰物，更像一位知己，关键时刻能伴你左右、给你鼓励。

因此，首饰可以摒弃规则，自由搭配。就算把金、银、宝石全部自由混搭戴在身上，通过“智慧衣橱”也能把它们安排得有秩序和调性，这也是简单百搭的基本款的魅力所在。

我打算从今以后开始练习自己把各种首饰自由搭配的能力，再举一反三，学会自由地搭配各种衣服，最大限度地享受时尚搭配的乐趣。

为了拍这张照片，我把自己所有的银戒指都戴上了。不过我私底下戴的是一枚金的婚戒，我喜欢让戒指与手镯的精致美丽在指尖与手腕处盛放

珍珠饰品之美四季皆然。这款Tiffany的小粒珍珠项链是为了拍杂志写真借来的，当时在拍摄现场的女生后来一人买了一条，特别有纪念意义

我自己拥有的宝石很少，最多也就戴一下绿松石。虽然这款绿松石戒指有着满满的夏日风情，但我也喜欢在冬天经常佩戴它，别有一番味道

我几乎每天都会戴块腕表，它在我每天的首饰搭配中起着关键性的作用。我手腕上佩戴的这件金手镯其实是我自由混搭的，感觉还不错

我精心收藏的心爱配饰

MY ACCESSORIES

潮搭配 Coordinate

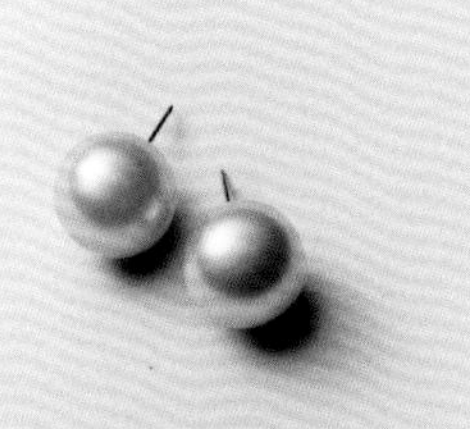

UNKNOWN

复古珍珠耳坠，如露珠般光泽水润、饱满欲滴

HERMÈS

这款手镯已陪伴我度过十余年的光阴。单戴、叠戴自在随心

INDIAN JEWELRY

独一无二的绿松石戒指，是丈夫送给我的礼物

TEN.

我非常喜欢这款圈式耳环，轻盈小巧且佩戴舒适

ROLEX

这款劳力士手表用途很广泛，轻便易戴，十分讨喜

UNKNOWN

这款18k金手链是祖母的遗物。总有人会问它的品牌，让我很骄傲

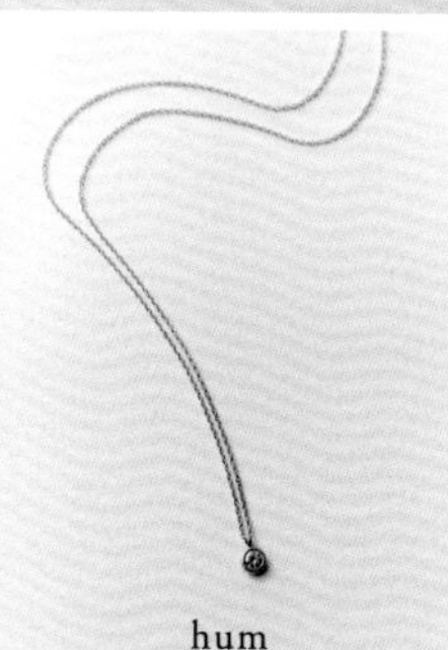

hum

这款细细的金项链造型别致，奢华中带着几分可爱

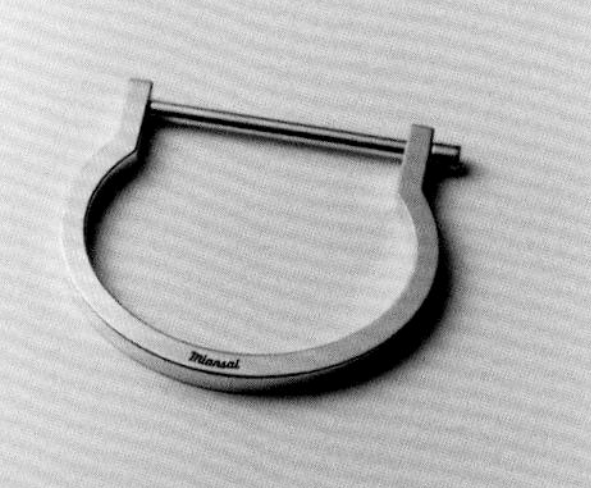

Miansai

我喜欢的这款手镯在佩戴时稍费工夫，需要一点点拧紧螺丝

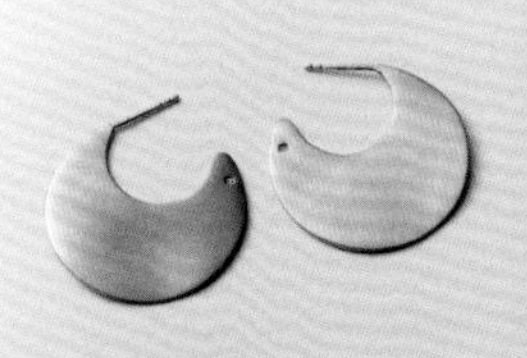

SYMPATHY OF SOUL

最近我时常佩戴它，这是一款充满现代风格的耳环

巧用配饰，让自由搭配更出彩

Pamela Love

简约的设计中散发着个性的光彩。也常有人问起它的出处

INDIAN JEWELRY

这是Indian Jewelry的手工艺品，闪闪金光瞬间惊艳全场

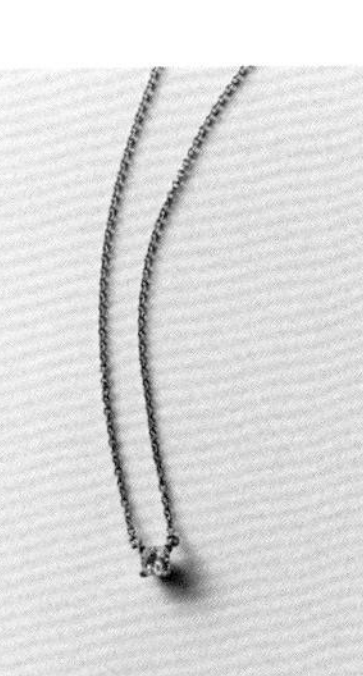

TIFFANY&CO.

整条项链带着酷酷的气质，中间点缀着一颗耀眼的方形钻石

hum

纠结了很多遍之后，终于选定了这款hum的名品手链

TIFFANY&CO.

每粒珍珠直径约5mm，十分可爱迷人。叠戴也十分出彩

Cartier

这款卡地亚纯金戒指是我的婚戒，简约精致的设计灵动秀美

Cartier

这款表换成黑色表带后，跟我一起出场的机会也多了起来

Atelier Paulin

这款戒指是在巴黎摄影时买的纪念品。一见倾心后果断买下

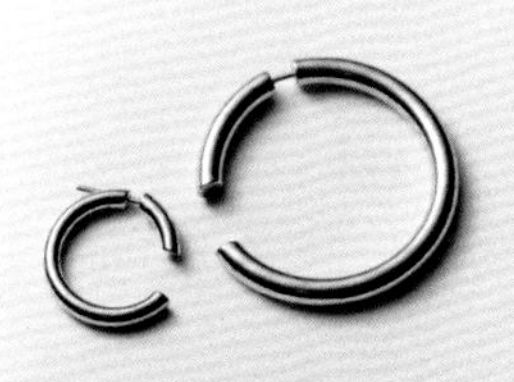

MARIA BLACK

这副耳环设计与色彩极具冲击力，也适合单侧打多个耳洞的人佩戴

后记

EPILOGUE

在东京的室内摄影棚中，
本书的摄影工作开始了

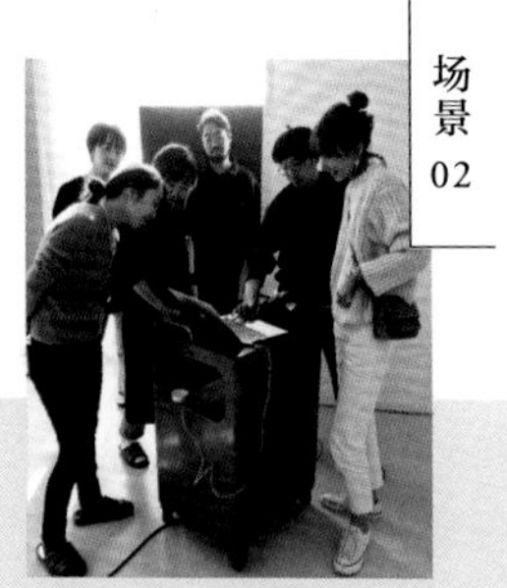

工作人员常常一起聚在显示
屏前确认照片

我在此衷心地感谢每一位将这本书拿在手上，并且从头读到尾的读者朋友们。大家能在书店里不计其数的时尚书籍中选出这一本，我内心的感激无以言表。

可能现在仍然有很多人听到“时尚杂志编辑”这个词时，会对这份工作有一些陌生和疑惑吧。正好借这个机会，我给大家分享一下我主要的工作内容。

像我这种自由时尚编辑，一般都是时尚杂志社的编辑部确定好当期杂志的主题之后，我的工作也就紧锣密鼓地展开了（有些杂志社也会征询自由时尚编辑对主题的提议）。为了切合主题，首先要确定页面内容。我会跟杂志社的主要编辑们去讨论一系列的问题，比如该主题想要传达什么、如何更好地展开等，然后敲定版面设计图，也就是版面策划工作。

接下来，为了完成这一版面，还需要分配给模特、造型师、摄影师、发型化妆师不同的任务，并合理协调好他们的时间。在拍摄日期确定之前，我需要跟摄影师商定拍摄事宜、预约室外取景地与影棚，跟造型师商榷服装搭配问题等，这些细枝末节的准备工作都要有条不紊地推

场景03

在表参道取外景。12月那一天意外的阳光明媚

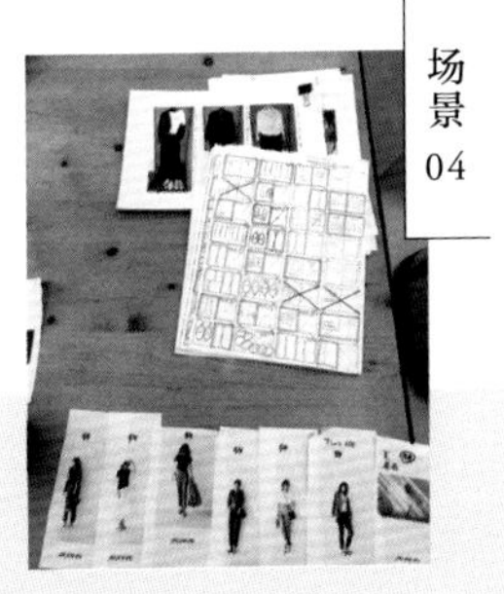

场景04

摄影过程中也要斟酌排版与照片

场景05

在物品摄影棚，最后检查所有搭配的服装

进。还有就是，安排工作人员的早餐、午餐也是编辑工作的一部分。

一切就绪后，终于迎来了拍摄的日子。拍摄当天最重要的工作就是在现场推动摄影任务按日程计划进行。拍摄结束后的第二天，等待我们的就是版面制作的工作。要从所有照片中选出可以刊登的那些，然后再一次细化排版，取好标题与副标题，最后发给设计师版面设计稿。版面设计完成后，我接着就要开始写文案了。最后就是给印刷公司交稿，再给各方校对。随着稿件一步步校对无误，这个主题的任务就算完成了。这就是时尚编辑大致的工作内容。

由于策划选题到杂志发行中间要花费3个月左右的时间，所以这3个月里共有3份月刊的编辑工作要同时进行。很多人觉得这份工作还蛮高大上的，但其实大部分工作内容都很平常琐碎。我从事这份工作之初，编辑部的前辈就曾告诉我："时尚杂志编辑这活儿啊，放在电视台来说，就是让一个人身兼制片人、导演、编剧、宣传等多种工作。"正如他说的那样，一个编辑需要处理和考虑的事情涉及很多方面。虽然我从事这份工作已有15年之久，但至今尚没有完成过一次绝对完美的工作，每次都是在不断地学习与反省中砥砺前行。

Sweets♡

场景 06

这是物品摄像师鱼地先生。服装的摆放也大有学问

场景 07

与我交好的编辑及造型师给我送来的慰问品

场景 08

显示屏中排列着拍好的照片，找寻构图平衡感

当然了，出于对时尚的热爱，我才会从事这样一份工作。但其实从我的个性来看，我不是那种单凭一腔热情就能把事情坚持做完的人。我对这份工作的感情说起来就像是尽管没人委托，但心里自发的有一股使命感在作祟，推着我不断地前进。

我知道不管是与生俱来就有时尚品位的女生，还是当下正为自己不够时尚而苦恼的女生，可能都觉得时尚杂志算不上生活必需品。只有想要提升自己的时尚感，或着想要把自己打扮得更美丽时尚时，大家才会去买时尚杂志。但我还是想把时尚生活的快乐传递给包括我自己在内的每一位女生，哪怕我的这些努力只得到了读者朋友们一点点的关注。我就是怀着这样一份心情与热爱，制作完了一页又一页的版面。

在时尚编辑日复一日的工作里，我有幸得到了这次机会，把自己对时尚的全部理解沉淀到这本书中。然而我既不是模特、造型师，也不是时尚博主，我只是一名时尚杂志编辑，那么我该写一本什么样的书呢？我在纠结了很久之后，终于得出了一个结论：这本书不应该只是对某一种“专属风格”的说明，而应该是我根据过去多年的时尚编辑经验，总结出的一些对大多数女生来说都比较实用、内容详细具体的穿搭妙招。

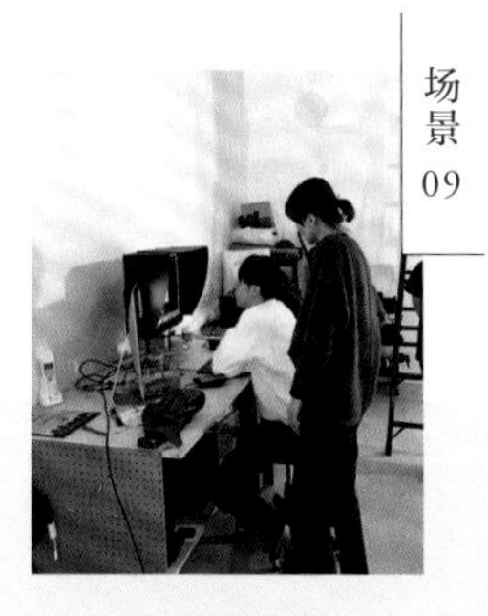

我常常站在摄影师旁边，与他们一同检查照片

我与艺术监督藤村、设计师石崎三人合影

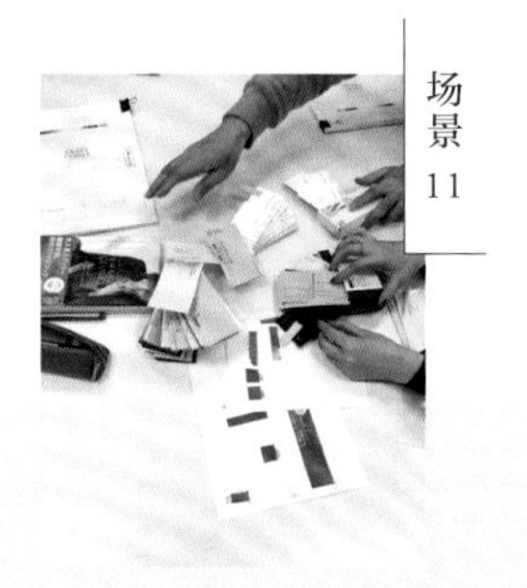

三个人正在挑选适合版面设计的纸张

如果亲爱的读者们能够通过我这本书，学到一些对自己日常穿搭很有帮助的搭配妙招，或者得到了一些时尚的启发，从而激发出自己追求时尚的勇气和动力……那么作为时尚编辑以及本书的作者，我将感到莫大的欣慰。

常有人说：“衣如其人。”还有人说：“时尚体现了昨天的自我、今天的生活方式和走向明天的女性群像。”这次我用“智慧”作为时尚的关键词，并不是想表达某种特定的时尚品位。在这本书中自始至终都是主角的基本款，只要能符合大家的个性和品位，就完全可以按自己的喜好来搭配。如果这本书能为性格爱好、人生阅历各有不同的广大女生们的生活增添一些动人的色彩，那该有多好。我正是怀着这样的心情创作了这本书，并将它呈现给您。

2019年3月 矶部安伽

图书在版编目（CIP）数据

越穿越搭 / (日) 矶部安伽著；张齐译. — 南京：江苏凤凰科学技术出版社, 2020.12（2021.9 重印）
ISBN 978-7-5713-1426-2

Ⅰ. ①越… Ⅱ. ①矶… ②张… Ⅲ. ①服饰美学 Ⅳ. ①TS941.11

中国版本图书馆CIP数据核字(2020)第167679号

越穿越搭

著　　者　[日] 矶部安伽
译　　者　张　齐
责任编辑　祝　萍
责任监制　方　晨

出版发行　江苏凤凰科学技术出版社
出版社地址　南京市湖南路 1 号 A 楼，邮编：210009
出版社网址　http://www.pspress.cn
印　　刷　天津丰富彩艺印刷有限公司

开　　本　880 mm × 1 230 mm　1/32
印　　张　4
字　　数　90 000
版　　次　2020年12月第1版
印　　次　2021年9月第2次印刷

标准书号　ISBN 978-7-5713-1426-2
定　　价　32.80元